U0193101

强化学习入门

从原理到实践

—— 叶强 闫维新 黎斌 编著 ——

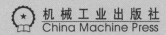

机械工业出版社
China Machine Press

图书在版编目（CIP）数据

强化学习入门：从原理到实践/叶强，闫维新，黎斌编著. —北京：机械工业出版社，2020.8

ISBN 978-7-111-66126-9

Ⅰ. ①强… Ⅱ. ①叶… ②闫… ③黎… Ⅲ. ①机器学习 Ⅳ. ①TP181

中国版本图书馆CIP数据核字（2020）第128711号

　　强化学习主要研究的问题是：具有一定思考和行为能力的个体在与其所处的环境进行交互的过程中，通过学习策略达到收获最大化或实现特定的目标。

　　本书以理论和实践相结合的形式深入浅出地介绍强化学习的历史、基本概念、经典算法和一些前沿技术，共分为三大部分：第一部分（第1~5章）介绍强化学习的发展历史、基本概念以及一些经典的强化学习算法；第二部分（第6~9章）在简要回顾深度学习技术的基础上着重介绍深度强化学习的一些前沿实用算法；第三部分（第10章）以五子棋为例详细讲解战胜了人类顶级围棋选手的Alpha Zero算法的核心思想。

　　对于本书介绍的每一个经典算法，我们都结合了一定的应用场景，详细介绍如何用Python代码来实现。

　　本书既可以作为计算机专业高年级本科生及硕士生关于人工智能领域的入门参考读物，也可以作为对人工智能技术（特别是强化学习技术）感兴趣的人员理解强化学习思想的补充读物。

强化学习入门：从原理到实践

出版发行：机械工业出版社（北京市西城区百万庄大街22号　邮政编码：100037）

责任编辑：迟振春　　　　　　　　　　　　　　责任校对：周晓娟

印　　刷：中国电影出版社印刷厂　　　　　　　版　　次：2020年9月第1版第1次印刷

开　　本：188mm×260mm　1/16　　　　　　　印　　张：12

书　　号：ISBN 978-7-111-66126-9　　　　　　定　　价：79.00元

客服电话：（010）88361066　88379833　68326294　　投稿热线：（010）88379604

华章网站：www.hzbook.com　　　　　　　　　　读者信箱：hzit@hzbook.com

版权所有•侵权必究

封底无防伪标均为盗版

本书法律顾问：北京大成律师事务所　韩光/邹晓东

前　言

2017 年，DeepMind 公司开发的 AlphaGo 人工智能围棋博弈软件的升级版 Master 战胜了围棋世界冠军，引起了不小的轰动。AlphaGo 的巨大成功主要得益于它的实现是基于人工智能的"强化学习"原理，通过神经网络模拟了人类的学习过程并充分发挥了现代计算机的强大计算性能。强化学习是什么，何以如此强大？带着这个问题，我翻阅了相关学术文献和一些介绍强化学习的书籍，并认真观看了 DeepMind 在网络上发布的一套关于强化学习的公开课视频，经过一段时间的摸索，我较为系统地掌握了强化学习的工作原理和经典算法，并编写代码实现了其中的主要算法。为了进一步巩固和加深自己对强化学习的理解，我不断和其他学习者进行学术交流，并陆续把自己的学习体会整理后发表在知乎的一个专栏上，与大家分享。

随后有不少出版社联系我商谈出版事宜，我深感自己水平有限，均婉拒之。后来我有幸就读于蒙特利尔大学计算机学院人工智能专业，对强化学习、深度学习等的理论和实践有了较为深入的理解。考虑到市面上介绍强化学习入门的书较少，于是在机械工业出版社编辑的诚挚邀请下，我答应将自己的学习体会整理成书。由于自己才疏学浅，我特邀上海交通大学闫维新教授对全文进行了审改，并请他编写了最后一章。

本书以理论和实践相结合的形式深入浅出地介绍强化学习的历史、基本概念、经典算法和一些前沿技术，共分为三大部分：第一部分（第 1～5 章）介绍强化学习的发展历史、基本概念以及一些经典的强化学习算法；第二部分（第 6～9 章）在简要回顾深度学习技术的基础上着重介绍深度强化学习的一些前沿实用算法；第三部分（第 10 章）以五子棋为例详细讲解战胜了人类顶级围棋选手的 Alpha Zero 算法的核心思想。为了便于读者学习，本书的每一章都先介绍相关理论以及算法原理，随后通过精心编写的 Python 示例程序来实现算法、验证理论，让读者能够从理论文字、数学公式、示例代码三个方面综合理解强化学习。

本书涉及的源代码文件既可以通过 https://github.com/qqiang00/reinforce/tree/master/reinforce/codes_for_book 下载，也可以从华章公司的网站（www.hzbook.com）下载（搜索到本书以后单击"资料下载"按钮，即可在本书页面上的"扩展资源"模块找到配书资源下载链接）。若下载有问题，请发送电子邮件到 booksaga@126.com，邮件主题为"强化学习入门：从原理到实践"。

本书既可作为计算机专业高年级本科生及硕士生关于人工智能领域的入门参考读物，也可供对人工智能技术特别是强化学习技术感兴趣的读者借鉴参考。限于作者的水平，书中难免有因理解不准确而表述不到位的地方，恳请业内专家指正，先表谢意！

叶强

2020 年 5 月 23 日

致　　谢

我首先要感谢我的家人：妻子和两个孩子、我的父母和弟弟。他们在我写作的过程中给了我极大的鼓励、宽容和帮助，没有他们的支持，本书不可能完成。

感谢蒙特利尔大学计算机学院的诸多老师：Frasson Claude、 Aaron Courville 和 Ioannis Mitliagkas 等。他们使我对强化学习、深度学习、机器学习相关理论有了尽可能准确的理解。

感谢在知乎网站上我的强化学习专栏留言和评论的各位网友，他们给了我鼓励和十分有益的建议。

感谢郑志教授、孙倩主任、徐娴主任和其他同事，他们既是同事也是良师益友，在人生道路上给了我很大的支持，也间接促成了本书。

最后，感谢母校上海交通大学多年的培养，感谢加拿大魁北克省教育局的间接资助。

叶强

常用数学符号

$\mathbb{E}$	期望
S	空间、集合
MDP	模型、马尔可夫决策过程
$\boldsymbol{P}$	概率矩阵
r	已知标量，状态价值
R	未知标量，奖励
$\boldsymbol{v}$	向量
$\boldsymbol{R}$	二维矩阵或更高维张量
π	策略
π^*	最优策略
V	状态价值函数
Q	"状态-行为对"价值函数
γ	衰减因子
O	复杂度

主要算法列表

目　录

第1章 概　　述

强化学习的历史最早可以追溯到 20 世纪 50 年代在研究关于动物学习心理学时产生的试错学习，同时工业控制领域对强化学习的发展也产生了不小的推动作用。本章简要叙述强化学习的历史，并初步介绍强化学习领域的一些既基本又非常重要的概念，最后简要说明本书的章节组织和一些代码资源。

1.1　强化学习的历史

强化学习的历史可以用两条各自独立但丰富多彩的主线来追溯。其中一条主线源于研究动物学习心理学时产生的试错学习，它贯穿了一些人工智能领域最早期的工作，随后从 20 世纪 80 年代延续至今，复兴了强化学习的研究。另一条主线聚焦于研究最优化控制，以及使用价值函数动态规划等算法来寻找问题的解决方案。这两条主线在很长时间里是相对独立发展的，如今的强化学习理论主要是第一条主线的延续。

对于第二条主线，最优化控制这一术语最早出现在 20 世纪 50 年代，它探讨如何设计一个控制系统来衡量一个随时间变化的动态系统的行为。理查德・贝尔曼曾提出使用"状态"和"价值函数"等概念构建贝尔曼方程，并且通过动态规划算法来求解这个方程，以此来求解动态系统的最优化控制问题。贝尔曼也提出了最优化控制的离散随机版本：马尔可夫决策过程（Markov Decision Process，MDP）。Ron Howard 提出了解决 MDP 问题的策略迭代方法。这些概念对于理解现今的强化学习算法都是至关重要的。动态规划算法在很长时期内被认为是解决随机最优化问题的唯一可行算法，尽管该算法的时间复杂度会随着系统状态数量的增多呈指数级增长，但还是比其他一些算法高效。本书也会介绍用动态规划算法来解决强化学习的问题。

回到第一条主线：试错学习。试错学习的精髓在于那些能够带来好结果的行为在后续决策中更容易被采纳，而那些曾经带来不好结果的行为则倾向于避免被选择。最早提出这一思想的学者 Thorndike 将其命名为"效果法则"（Law of Effect），它描述了在选择行为的倾向性上强化事件的效果。这一法则包含试错学习中两个重要的方面：第一个方面是"选择"，指尝试各种可能的行为并且通过比较各种行为的后果从中进行选择；第二个方面是"联想"，强调选择的行为与特定场景是呼应的。换句话说，效果法则的两个方面分别相当于"探索"和"记忆"：前者指的是从每一个状态下的众多可选行为中尝试选择其中一个，后者指的是要记住在特定场景下最有效的行为。效果法则的这两个方面是强化学习算法中必不可少的两个概念。

"强化学习"术语最早出现在 20 世纪 60 年代的文献中，其中受关注最多的是 Minsky 的一篇论文 "Steps Toward Artificial Intelligence"。在这篇论文中，作者讨论了与强化学习相关的几个问题，其中包括"信用分配问题"，即导致最后成功的前期各个行为对这一成功结果的贡献程度。这是强化学习领域所要解决的一个极其重要的问题。

在强化学习的发展过程中，一些研究人员模糊了强化学习和监督式学习的界限并带来了一些困惑，比如把强化学习中的奖励和惩罚与监督式学习中的样本标签进行对应，把试错学习过程同提供正反两种标签的监督式学习样本联系起来。这些联系忽略了试错学习的精髓："选择"和"联想"。这些困惑导致在 20 世纪 60 年代到 70 年代强化学习的进展不大。

除了"最优化控制"和"试错学习"这两条主线，强化学习的发展历史上还有一条线索，即"时序差分学习"（Temporal-Difference Learning）。这条线索主要是受到心理学中研究动物学习的一些启发，特别是"次级强化子"（Secondary Reinforcer）的影响。它为强化学习提供了一个独特、新颖同时又十分重要的方法。Sutton 等人将时序差分学习进行了推广，并提出了 TD(λ) 算法。本书也会介绍"时序差分学习"方法的基本思想。

自 20 世纪 80 年代起，强化学习迎来了一次快速发展的时期。Actor-Critic 架构于 1981 年被提出。整合了试错学习和最优化控制的 Q 学习算法于 1989 年被提出。进入 21 世纪后，深度学习技术的发展给强化学习算法带来了新的生命，两者的结合很好地解决了诸如"围棋"之类极其复杂的问题。

1.2 强化学习的基本概念

强化学习主要研究这样一类问题：具有一定思考和行为能力的个体（Agent）在与其所处的环境（Environment）进行交互的过程中，通过学习策略达到收获最大化或实现特定的目标。其中，"个体"处在"环境"中，在某时刻可以有一个对自身的认识，这可以表示成个体自身在该时刻的状态（State）。个体在某时刻可以向环境实施一个行为（Action），环境会因为这一行为做出相应的改变并给予个体一定形式的反馈，个体接收到这个反馈后可以建立"自身状态""所施行为"及"所得反馈"之间的联系，作为自身记忆的一部分给后续的决策提供参考。个体在不同状态下向环境施加的各种不同行为则构成了个体与环境交互的"策略"（Policy）。个体策略的构建与个体的目的密切相关。环境给予个体的反馈通常是一个数值（由一个标量确定的数值），表达环境对于个体的奖励或惩罚的程度，可称之为"奖励"（Reward）。个体构建策略的目的就是要争取通过与环境的交互而获得尽可能多的累积奖励值。

举个例子，图 1.1 是一个由 7×10 的格子组成的矩形区域，我们可以认为该矩形区域构成了一个环境，可称之为"格子世界"环境。格子世界是一个二维世界，可以用一个二维坐标系统来描述格子世界中每一个格子位置的坐标。假设最左下角的格子位置为（0,0），那么格子世界中镶边的白色格子的位置可以用（7,3）来表示。在（0,3）位置用一个小球代表一个可以在格子世界中移动的个体。小球在任意一个时刻可以往上、下、左、右 4 个方向移动一格，构成小球在格子世界中可能的行为集合。格子世界这个环境有其特定的动力学特征，严格规定了小球的运动方式（环境规则）：小球采取朝某一个方向的移动行为不会导致它越过格子世界的边界，环境将允许小球到达它移动方向上相邻的格子；如果小球移动的下一个位置会超出格子世界的边界，那么环境将让小球停留在当前的格子内。以小球采取"向右移动"这一行为为例，只要小球没有在格子世界最右侧的边界格子中，环境就允许它向右移动一格到达新的格子，如果小球已经在格子世界最右侧的边界格子中，那么环境将让它保持在最右侧的这个边界格子中不动。现在我们提出一个问题：希望个体能够通过最少的移动次数从起始位置（0,3）移动到目标位置（7,3）。为此，我们设定一个奖惩系统：对于任何没有到达目标位置的每一次移动行为，我们都会给小球一个数值为−1的奖励（或者说是数值为1的惩罚），如果小球到达了目标位置，我们一次性给予一定正数的奖励。如此，我们的问题就转化为希望小球在到达目标位置时获得的累积奖励最大。

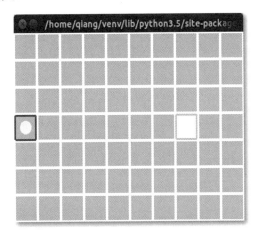

图1.1　"格子世界"环境

　　看起来这是一个非常简单的问题。根据描述的格子世界规则和小球的可选行为，只要小球一直朝着右侧移动 7 次就能以最少的移动次数到达目标位置。确实如此，持续向右移动 7 次是这个问题的最优解，因为读者清楚地知道格子世界的整个构造，而且格子世界的规则也非常简单。如果从小球的角度来看，又会是什么样的情形呢？通常情况下，开始时小球对这个格子世界一无所知，它只知道自己置身于格子世界的某一个位置，可能并不知道它所在位置的坐标信息（这取决于格子世界是否愿意提供给小球坐标信息）。假设格子世界不将位置信息告知小球，而只是告诉小球每一个位置对应的是一个一个数字所组成的代号，也就是说小球在进入一个新的格子时只知道这个格子的代号，并且在与格子世界进行交互的初期只能判断出自己之前是否曾进入这个格子，而无法知道所经过的格子之间的相对位置关系。例如，我们可以从每一个格子的位置(x,y)信息得到由单个数字 $x+10y$ 所表达的信息并提供给小球，甚至可以仅提供给小球所在格子坐标中的一维信息。也就是说，小球无法完整地观测到自身的位置信息，只能观测到环境允许它观测到的信息。在这种情况下，小球要想以最短的步数从起始位置移动到目标位置就不那么容易了。那么它应该如何做呢？

　　使用强化学习算法来求解这个问题，我们会用到试错学习的两个方面：第一，小球可以从 4 个行为中选择其中一个；第二，小球要能记住自己在某个状态下实施某一行为后从格子世界得到的反馈，包括小球对实施行为前后的位置观测、小球从格子世界得到的即时奖励反馈。小球对自己所处的不同位置有一个价值评估，在新的位置上，小球要利用自己的记忆和对状态的价值评估来逐渐地优化自己的策略，以便实施更高效的行为，朝着目标格子前进。至于具体如何实现这一算法，我们将在后续的章节介绍。

从上述例子中，我们可以抽象出一些基本概念。个体可以结合自身在某时刻所获得的奖励值来评估这一状态（State）的价值（Value），并通过选择某一行为来让自身处在价值更高的状态。这种从状态到价值的映射可以用**状态价值函数**（State Value Function）来表示。个体也可以评估在某一状态下采取各种不同可能行为的价值，进而选取那些能够在该状态下带来较大价值的行为。这种针对某一状态下某一行为的价值评估可以用**状态行为价值函数**（State-Action Value Function）来描述，简称**行为价值函数**。状态（或行为）价值函数是个体对未来奖励的预测，用来衡量个体在某一个状态（或某一状态行为组合）下的好坏程度并指导后续行为的选择。

环境有一套描述自己的规则，称为环境的**动力学特征**（Dynamics）。个体能从环境得到的信息取决于环境开放给个体的信息，当环境把描述自身的所有信息都开放给个体时，我们认为对于该个体来说环境是**完全可观测的**（Fully Observable）。当环境仅开放部分信息给个体时，我们认为对于该个体而言环境是**部分可观测的**（Partial Observable）。环境永远不会开放自身的动力学特征给个体，仅提供个体可观测的信息以及个体在实施每一次行为后给予个体的奖励信息。一些个体可以通过观测及奖励信息对环境的动力学特征进行建模，而后根据建模得到的**模型**（Model）来决定个体的行为。个体建立的模型可以很接近环境的动力学特征，也可以与环境的动力学特征有较大差别，这取决于个体在已掌握信息下的建模水平。一个完整的模型通常会预测个体在实施某一行为后的下一个状态以及个体可能从环境得到的即时奖励值。

为了便于理解环境的动力学特征和个体构建的模型之间的关系，我们可以用人类认识宇宙的过程来做个类比：宇宙相当于环境，人类相当于个体。宇宙以什么样的规律运行取决于宇宙自身的动力学特征，人类可能永远无法完全弄清楚。但是几百年来，从早期的"地心说"到随后的"日心说"、从牛顿的三大定律到爱因斯坦的相对论等都是人类建立的试图解释宇宙动力学特征的模型。牛顿的三大定律没有爱因斯坦的相对论完善准确，这是因为人类的认识在进步，同时人类的观测水平在进步，人类构建的认识宇宙的模型也在不断发展。

在强化学习中，**策略**（Policy）与生活中所说的策略的含义十分接近。用数学的语言来描述，策略是从个体状态到行为的一个映射（Mapping）。如果一种策略在一个确定的状态下能够产生一个确定的行为，那么这种策略就可以称为**确定性策略**（Deterministic Policy）。相反，如果某一种策略在确定状态下不能产生一个确定的行为，而是提供各种可能行为的概率，那么这种策略就可以称为**随机性策略**（Stochastic Policy）。这两种策略均有各自的应用场景。

在求解强化学习问题时，个体通常会建立策略、模型、价值函数这三个组件中的一个或多个，通过与环境的交互来积累经历，形成记忆，并从这些记忆中提取经历，不断地试错学习来优化自身的策略、模型或价值函数，逐渐逼近问题的最优解。根据个体建立的组件的特点，我们可以将强化学习中的个体进行如下分类：

（1）仅基于价值函数：这样的个体有对状态价值的估计函数，但是没有直接的策略函数，策略函数由价值函数间接得到。

（2）仅直接基于策略：在这样的个体中，行为直接由策略函数产生，个体并不维护一个对各状态价值的估计函数。

（3）演员-评判家（Actor-Critic）类型：这样的个体既有价值函数也有策略函数，两者相互结合解决问题。

此外，根据个体是否建立一个针对环境动力学的模型，可将其分为两大类：

（1）不基于模型的个体：这类个体并不试图了解环境如何工作，而仅聚焦于价值和策略函数，或者二者之一。

（2）基于模型的个体：个体尝试建立一个描述环境运作过程的模型，以此来指导价值或策略函数的更新。

以上两种分类方式相结合可以形成多种多样的组合方式，这里不再详述。

个体通过与环境进行交互，逐渐改善其行为的过程称为**学习**（Learning）过程。当个体对于环境如何工作有了一定的认识，在与环境进行实际的交互前，模拟分析个体与环境交互情况的过程称为**规划**（Planning）过程。一个常用的强化问题解决思路是让个体先学习环境如何工作，在具备了一定的认识环境的能力后，利用这个能力进行一定的规划工作，两者相互结合来解决问题，这其实与人类解决实际问题的思路是比较一致的。

当具备一定智能水平的个体在继续与环境进行交互时，它也可能会遇到一些困惑。比如，个体处于某一状态时，它会根据自身学习所得的能力来决策产生一个建议的行为，而舍弃其他的可选行为。这种方式似乎是明智的，但又隐藏着很大的风险。个体如何能确定自己产生的建议行为就一定是而且总是最优的行为呢？无法确定。首先这要求个体必须在同一个状态下尝试过相当多次的非最优行为，否则个体推荐的最优行为就是不可靠的，但是尝试过多的非最优行为需要相当多次的学习过程，而且会降低个体的学习效率，这通常是不现实的。此外，环境本身及其动力学特征可能也不是一成不变的，一旦发生变化，那么先前个体得到的最优行为可能就不再是环境变化后的最优行为了。这种困惑的背后其实是关于个体的**探索**（Exploration）与**利用**（Exploitation）之间的矛盾。个体通常要在偏好探索和偏好利用之间取得一个平衡。偏好探索指的是，个体在与环境进行交互的过程中，会偏好于从不是自身认为最优的其他可选行为中选取一个并作用于环境；偏好利用则相反，这样的个体更倾向于选择实施自身认为最优的行为。举个生活中的例子：你去某个餐饮一条街就餐，偏好探索意味着你对自己之前没去过的新餐厅感兴趣，很可能最终会去一家以前没有去过的新餐厅体验，或者选择以前去过但感觉不好的餐厅，再去看看这个餐厅有没有什么积极的变化；偏好利用意味着你更愿意去那个以往去过且体验最佳的餐厅。很显然，这两种做法是一对矛盾，但对解决强化学习问题非常重要。没有探索，个体就没有机会体验可能发生的变化，进而无法找到可靠的最优解；没有利用则意味着个体始终处在各种选择过程中，无法固定到最优的一个结果中。本书将在后续多个章节中穿插介绍如何平衡探索与利用，并在第 9 章对平衡探索和利用进行理论分析。

在强化学习中还有一些概念也比较常用，比如**预测**（Prediction）和**控制**（Control）。这些概念与实际生活中的概念比较接近。**预测**指的是在给定一个策略下，个体对未来进行一个评价，也可以认为是求解给定策略下的价值函数问题，它间接衡量在一个给定策略下个体表现的优劣程度。**控制**指的是试图寻找一个最优策略来最大化奖励，即最优化个体的表现。

深度强化学习（Deep Reinforcement Learning）指的是将深度学习相关的算法融入强化学习算法中，两者相互结合来解决规模较大的实际问题。"规模较大"既可以指状态（或可选行为）数目很多，也可以指状态（或行为）不是离散的值而是一段连续的区间。即使在当今计算能力和内存空间都十分强大的计算环境下，不结合深度学习技术，也无法解决那些诸如"围棋"

博弈问题等规模很大的实际问题。深度学习技术可以用来对各种函数进行符合要求的近似，继而减少计算消耗或内存的使用，为解决大规模实际问题提供可能。

如果把强化学习与监督式机器学习进行对比，我们不难有如下认识：强化学习没有监督数据，只有奖励信号；强化学习中的奖励信号不一定是实时的，很可能是延后的，甚至延后很多，当然通过设计可以认为强化学习的奖励是实时的，对于那些缺少有意义的实时奖励环境，我们可以认为其实时奖励的数值为 0；强化学习中时间（序列）是一个很重要的因素，同时个体在某一时刻的行为会导致环境的响应并影响到个体的将来。

理解强化学习中的这些基本概念对于快速进入强化学习的学习、深刻理解强化学习相关理论和算法意义重大。本章只是简单介绍了这些概念，后续章节将会逐一详细地介绍这些概念以及相关的理论和算法，读者可以在学习具体的理论和算法过程中加深对这些概念的理解。

1.3　章　节　组　织

本书一共分为 10 章。第 1 章主要讲述强化学习的历史、基本概念以及编程环境等。在随后的第 2～10 章中，将先介绍理论，再通过编程示例来展开详细讨论。其中，第 2～5 章讲解强化学习的基本理论，并以第 5 章作为整个内容的核心。从第 6 章开始陆续引入深度学习技术、基于策略梯度的强化学习算法、基于模型的学习和规划以及对"探索和利用"的探讨。第 10 章讲解综合了各种算法的 Alpha Zero 算法的技术原理和实践。

1.4　编程环境与代码资源

本书以 Python 作为编程语言，使用 PyTorch 和 Gym 等库。为了便于读者阅读，一些核心的代码将被列入每一章的实践部分，并配以文字解释。完整的代码可以参考 GitHub 中的内容，地址为 https://github.com/qqiang00/reinforce/tree/master/reinforce/codes_for_book。

第2章　从一个示例到马尔可夫决策过程

求解强化学习问题可以理解为个体在与环境交互过程中如何最大化地获得累积奖励。环境的动力学特征确定了个体在交互时的状态序列和即时奖励,环境的状态是构建环境动力学特征所需要的所有信息。当环境状态是完全可观测时,个体可以通过构建马尔可夫决策过程来描述整个强化学习问题。有时环境状态虽不是完全可观测的,但个体仍然可以结合自身对于环境的历史观测数据来描述自身处于一个近似完全可观测的环境中所面临的强化学习问题。从这个角度来说,几乎对所有的强化学习问题的描述都可以被认为或被转化为描述一个马尔可夫决策过程。正确理解马尔可夫决策过程中的一些概念和关系对于正确理解强化学习问题非常重要。

2.1　马尔可夫过程

在一个时序过程中,如果 $t+1$ 时的状态仅取决于 t 时的状态 S_t,而与 t 时之前的任何状态都无关,则认为 t 时的状态 S_t 具有**马尔可夫性质**(Markov Property)。若过程中的每一个状态都具有马尔可夫性质,则这个过程就具备马尔可夫性质。具备了马尔可夫性质的随机过程称为**马尔可夫过程**(Markov Process),或称为马尔可夫链(Markov Chain,MC),它是由状态空间和概率空间组成的一个元组 $<S, P>$。马尔可夫过程中的每一个状态 S_t 记录了过程历史上所有相关的信息,而且一旦 S_t 确定了,历史状态信息 $S_1, S_2, \cdots, S_{t-1}$ 对于确定 S_{t+1} 就不再重要,可有可无。描述一个马尔可夫过程的核心是状态转移概率矩阵:

$$\boldsymbol{P}_{ss'} = \boldsymbol{P}\big[S_{t+1} = s' | S_t = s\big] \tag{2.1}$$

式(2.1)中的状态转移概率矩阵定义了从任意一个状态 s 到其所有后续状态 s' 的状态转移概率:

$$\boldsymbol{P} = \begin{bmatrix} P_{11} & \cdots & P_{1n} \\ \vdots & & \vdots \\ P_{n1} & \cdots & P_{nn} \end{bmatrix} \tag{2.2}$$

其中,矩阵 $\boldsymbol{P}$ 中每一行的数据表示从某一个状态到所有 n 个状态的转移概率值。每一行的这些转移概率值加起来之和应该为1。

通常使用一个元组 $<S, \boldsymbol{P}>$ 来描述马尔可夫过程,其中 S 是有限数量的状态集,$\boldsymbol{P}$ 是状态转移概率矩阵。

图2.1描述了一个假想的学生学习一门课程的马尔可夫过程。在这个随机过程中,学生需要顺利完成3节课并且通过最终的考试才能完成这门课程的学习。学生处在第一节课中时会有50%的概率拿起手机浏览社交软件中的信息,另有50%的概率完成该节课的学习并进入第二节

课。一旦学生在第一节课中浏览手机社交软件上的信息，就有 90%的概率继续沉迷于浏览，
仅有 10%的概率放下手机继续听第一节课。学生处在第二节课时有 80%的概率听完第二节课
并顺利进入第三节课的学习中，有 20%的概率因课程内容枯燥或难度较大而休息或者退出。
学生在学习第三节课的内容后，有60%的概率通过考试继而100%进入休息状态，也有40%的
概率因为各种原因而出去娱乐泡吧，随后可能因为忘掉了不少学到的东西而分别以 20%、40%
和40%的概率需要重新返回第一、二、三节课进行学习。

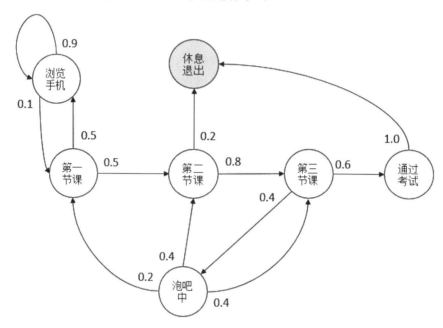

图 2.1　学生学习一门课的马尔可夫过程

在图 2.1 中，我们使用内有文字的空心圆圈来描述学生所处的状态，包括第一节课（C1）、
第二节课（C2）、第三节课（C3）、泡吧中（Pub）、通过考试（Pass）、浏览手机（FB）以
及休息退出（Sleep），其中最后一个状态是终止状态，意味着学生一旦进入该状态就永久保
持在该状态，或者说该状态的下一个状态 100%还是该状态。连接状态的箭头表示状态转移过
程，箭头附近的数字表明发生箭头所示方向状态转移的概率。

假设学生目前处于状态"第一节课（C1）"中，我们按照马尔可夫过程给出的状态转移
概率可以得到若干学生随后的状态转化序列。例如，下面的这 4 个序列都是可能存在的状态转
化序列：

- C1－C2－C3－Pass－Sleep
- C1－FB－FB－C1－C2－Sleep
- C1－C2－C3－Pub－C2－C3－Pass－Sleep
- C1－FB－FB－C1－C2－C3－Pub－C1－FB－FB－FB－C1－C2－C3－Pub－C2－Sleep

从符合马尔可夫过程给定的状态转移概率矩阵生成一个状态序列的过程称为**采样**
（Sampling）。

采样将得到一系列的状态转换过程，称为**状态序列**（Episode，或称为情节、片段）。当

状态序列的最后一个状态是终止状态时，该状态序列称为**完整的**状态序列（Complete Episode）。本书中所指的状态序列大多数是完整的状态序列。

2.2 马尔可夫奖励过程

马尔可夫过程只涉及状态之间的转移概率，并未触及强化学习问题中伴随着状态转换的奖励反馈。如果把奖励考虑进马尔可夫过程，则称为**马尔可夫奖励过程**（Markov Reward Process，MRP）。它是由$<S, P, R, \gamma>$构成的一个元组，其中：

- S 是一个有限状态集。
- P 是集合中状态转移概率矩阵：$P_{ss'} = P\left[S_{t+1} = s' \mid S_t = s\right]$。
- R 是一个奖励函数：$R_s = \mathbb{E}\left[R_{t+1} \mid S_t = s\right]$。
- γ 是一个衰减因子：$\gamma \in \left[0,1\right]$。

图 2.2 在图 2.1 中的每一个状态旁增加了一个奖励值，表明到达该状态后（或离开该状态时）学生可以获得的奖励，这样就构成了一个学生学习一门功课的马尔可夫奖励过程。

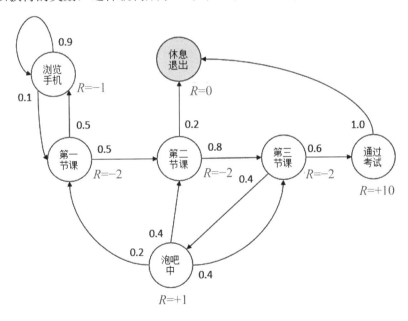

图 2.2 学生马尔可夫奖励过程

学生到达每一个状态能获得多少奖励不是学生自己能决定的，而是由充当环境的授课老师或教务部门来确定的。从强化学习的角度来讲，奖励值由环境动力学确定。在上述的学生马尔可夫奖励过程中，授课老师的主要目的是希望学生能够尽早通过考试，因而给了"考试通过"这个状态较高的奖励（+10），而对于过程中的其他状态多数给的是负奖励。虽然设定状态"泡吧中"的奖励为+1，但由于状态"泡吧中"随后的 3 个可能状态获得的奖励都低于–1，因而可以认为授课教师并不十分赞成"第三节课"后出去泡吧。从学生的角度来说，学生的目标是在学习一门课程的过程中获得尽可能多的累积奖励，针对这个例子来说，也就是尽早地到达"考试通过"状态进而进入"休息退出"终止状态，完成一个完整的状态序列。在强化学习中，我们给这个累积奖励一个新的名称：收获（Return，或回报）。注：根据上下文也可以称之为"收获值"。

收获（Return）是在一个马尔可夫奖励过程中从某一状态 S_t 开始采样直到终止状态时所有奖励的衰减之和。数学表达式如下：

$$G_t = R_{t+1} + \gamma R_{t+2} + \cdots = \sum_{k=0}^{\infty} \gamma^k R_{t+k+1} \tag{2.3}$$

收获有时也被翻译为回报。从式（2.3）中可以看出，收获是对应于状态序列中某一时刻状态的，计算从该状态开始直至结束还能获得的累积奖励。在一个状态序列中，不同时刻的状态一般对应着不同的收获。从该式中我们还可以看出，收获并不是后续状态奖励的直接相加，而是引入了一个取值范围在[0,1]间的衰减系数 γ。引入该系数使得后续某一状态对当前状态收获的贡献要小于个体在该后续状态时所获得的即时奖励。如此设计从数学上可以避免在计算收获时因陷入循环而无法求解，从现实考虑也反映了远期奖励对于当前状态具有一定的不确定性，需要折扣计算。当 γ 取 0 时，表明某状态下的收获就是当前状态获得的即时奖励，不考虑后续状态，属于"短视"行为。当 γ 取 1 时，表明将考虑所有的后续状态，属于有"长远眼光"的行为。求解实际问题时，模型构建者可根据实际问题的特点来设定 γ 值。

下文给出学生马尔可夫过程中 4 个状态序列的开始状态（即"第一节课"）的收获值的计算，选取 S_1＝"第一节课"，γ=0.5：

- C1 – C2 – C3 – Pass – Sleep

  $G_1 = -2 + (-2) \times 1/2 + (-2) \times 1/4 + 10 \times 1/8 + 0 \times 1/16 = -2.25$

- C1 – FB – FB – C1 – C2 – Sleep

  $G_1 = -2 + (-1) \times 1/2 + (-1) \times 1/4 + (-2) \times 1/8 + (-2) \times 1/16 + 0 \times 1/32 = -3.125$

- C1 – C2 – C3 – Pub – C2 – C3 – Pass – Sleep

  $G_1 = -2 + (-2) \times 1/2 + (-2) \times 1/4 + 1 \times 1/8 + (-2) \times 1/16 + \cdots = -3.41$

- C1 – FB – FB – C1 – C2 – C3 – Pub – C1 – FB – FB – FB – C1 – C2 – C3 – Pub – C2 – Sleep

  $G_1 = -2 + (-1) \times 1/2 + (-1) \times 1/4 + (-2) \times 1/8 + (-2) \times 1/16 + (-2) \times 1/32 + \cdots = -3.20$

可以认为，收获间接地给状态序列中的每一个状态设定了一个数据标签，反映了某状态的重要程度。由于收获的计算是基于一个状态序列的，因此从某状态开始，根据状态转移概率矩阵的定义，可能会采样生成多个不同的状态序列，依据不同的状态序列得到的同一个状态的收获值就会不完全相同。那么如何评价从不同状态序列计算得到的某个状态的收获呢？

此外，一个状态还可能存在于一个状态序列的多个位置，例如学生马尔可夫过程的第四个状态序列中的状态"第一节课"。这说明在一个状态序列下同一个状态可能会有不同的收获，如何理解这些不同收获的意义呢？

不难看出，收获对于描述一个状态的重要性还存在许多不明确的地方，为了准确描述一个状态的重要性，我们引入状态的"价值"这个概念。

价值（Value）是马尔可夫奖励过程中状态收获的期望。其数学表达式为：

$$v(s) = \mathbb{E}\big[G_t | S_t = s\big] \tag{2.4}$$

从式（2.4）可以看出，一个状态价值是该状态的收获的期望值，也就是说从该状态开始依据状态转移概率矩阵采样生成一系列的状态序列，对每一个状态序列计算该状态的收获，然后对该状态的所有收获计算平均值得到一个平均收获。依据状态转移概率采样生成的状态序列越多，计算得到的平均收获就越接近该状态的价值，因而价值可以更准确地反映某一状态的重要程度。

如果存在一个函数，给定一个状态能得到该状态对应的价值，那么该函数就被称为**价值函数**（Value Function）。价值函数建立了从状态到价值的映射。

不难理解，获得每一个状态的价值，进而得到状态的价值函数对于求解强化学习问题是非常重要的。通过计算收获的平均值来求解状态的价值不是一个可取的办法，因为一个马尔可夫过程针对一个状态可能会产生无穷多个不同的状态序列。有没有比较可取的计算状态价值的方法呢？

我们对价值函数中的收获按照其定义进行展开：

$$
\begin{aligned}
v(s) &= \mathbb{E}\big[G_t | S_t = s\big] \\
&= \mathbb{E}\big[R_{t+1} + \gamma R_{t+2} + \gamma^2 R_{t+3} + \ldots | S_t = s\big] \\
&= \mathbb{E}\big[R_{t+1} + \gamma\big(R_{t+2} + \gamma R_{t+3} + \ldots\big) | S_t = s\big] \\
&= \mathbb{E}\big[R_{t+1} + \gamma G_{t+1} | S_t = s\big] \\
&= \mathbb{E}\big[R_{t+1} + \gamma v\big(S_{t+1}\big) | S_t = s\big]
\end{aligned}
$$

最终得到：

$$v(s) = \mathbb{E}\big[R_{t+1} + \gamma v\big(S_{t+1}\big) | S_t = s\big] \tag{2.5}$$

在式（2.5）中，根据马尔可夫奖励过程的定义，R_{t+1} 的期望就是其自身，因为每次离开同一个状态得到的奖励都是一个固定的值。下一时刻状态价值的期望可以根据下一时刻状态的概率分布得到。如果用 s' 表示 s 状态下一时刻任一可能的状态：

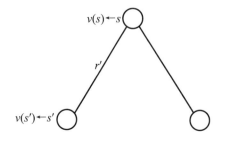

那么上述方程可以写成：

$$v(s) = R_s + \gamma \sum_{s' \in S} \boldsymbol{P}_{ss'} v(s') \tag{2.6}$$

式（2.6）称为马尔可夫奖励过程中的**贝尔曼方程**（Bellman Equation），它表明一个状态的价值由两部分组成：一部分是该状态的即时奖励，另一部分与后续所有可能的状态价值、对应的转移概率以及衰减系数相关。

图 2.3 根据奖励值和衰减系数的设定计算出了学生马尔可夫奖励过程中各状态的价值（保留小数点后一位），并对状态"第三节课"的价值进行了验证演算。读者可以根据上述方程对其他状态的价值进行验证。

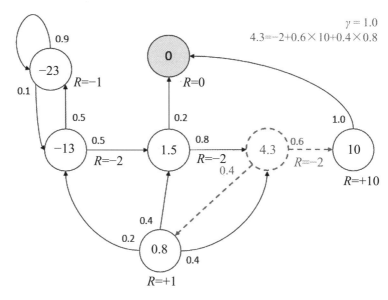

图 2.3　学生马尔可夫奖励过程的价值

上述贝尔曼方程可以写成如下矩阵的形式：

$$\boldsymbol{v} = \boldsymbol{R} + \gamma \boldsymbol{P} \boldsymbol{v} \tag{2.7}$$

即

$$\begin{bmatrix} v(1) \\ \vdots \\ v(n) \end{bmatrix} = \begin{bmatrix} R_1 \\ \vdots \\ R_n \end{bmatrix} + \gamma \begin{bmatrix} P_{11} & \cdots & P_{1n} \\ \vdots & & \vdots \\ P_{n1} & \cdots & P_{nn} \end{bmatrix} \begin{bmatrix} v(1) \\ \vdots \\ v(n) \end{bmatrix} \tag{2.8}$$

理论上，该方程可以直接求解：

$$\boldsymbol{v} = \boldsymbol{R} + \gamma \boldsymbol{P} \boldsymbol{v}$$
$$(1 - \gamma \boldsymbol{P}) \boldsymbol{v} = \boldsymbol{R}$$
$$\boldsymbol{v} = (1 - \gamma \boldsymbol{P})^{-1} \boldsymbol{R}$$

计算这类问题的时间复杂度是 $O(n^3)$，其中 n 是状态的数量。这意味着，对于学生马尔可夫奖励过程这类状态数比较少的小规模问题，直接求解是可行的；如果涉及的状态数量较多，那么这种解法就不现实了。本书的后续章节会陆续介绍其他行之有效的求解方法。

在强化学习问题中，如果个体知道了经历过的每一个状态的价值，就可以比较一个状态所有可能的后续状态价值的大小，从而采取行为，将拥有最大价值的那个（些）后续状态作为自己的下一个目标状态，如此一步步朝着拥有最高价值的状态进行转换。从第 1 章的内容我们知道，个体需要采取一定的行为才能实现状态的转换，而状态转换又与环境动力学有关，这意味着虽然很多时候个体期望自己的行为能够到达个体自己预想的下一个价值较高的状态，但是行为集合以及环境的动力学特征限制了个体，使个体并不一定能顺利实现如此的状态转换。此时对于个体来说，与其"纠结"于不能通过一个行为直接到达的价值较高的目标状态，不如退而求其次，转而思考在当前状态下所有可能采取的行为中，哪一个行为最有意义、最有价值。要进一步解释这个问题，需要引入马尔可夫决策过程、行为、策略等概念。

2.3 马尔可夫决策过程

马尔可夫奖励过程并不能直接用来指导解决强化学习问题，因为它不涉及个体行为的选择，所以有必要引入马尔可夫决策过程。**马尔可夫决策过程**（Markov Decision Process，MDP）是一个由 $<S, A, \boldsymbol{P}, R, \gamma>$ 构成的元组，其中：

- S 是一个有限状态集。
- A 是一个有限行为集。
- $\boldsymbol{P}$ 是集合中基于行为的状态转移概率矩阵：$\boldsymbol{P}_{ss'}^a = \mathbb{E}[R_{t+1} | S_t = s, A_t = a]$。
- R 是基于状态和行为的奖励函数：$R_s^a = \mathbb{E}[R_{t+1} | S_t = s, A_t = a]$。
- γ 是一个衰减因子：$\gamma \in [0,1]$。

图 2.4 给出了学生马尔可夫决策过程的状态转化图，依然用空心圆圈表示状态，同时增加了一类黑色实心圆圈来表示个体的行为。根据马尔可夫决策过程的定义，奖励、状态转移概率均与行为直接相关，同一个状态下采取不同的行为得到的奖励是不一样的。此图把 Pass 和 Sleep 状态合并成一个终止状态；另外，当个体在状态"第三节课"后选择"泡吧"行为时，将被环境按照动力学特征根据对应状态转移概率分配到另外 3 个状态。注意，学生马尔可夫决策过程示例虽然与之前的学生马尔可夫奖励过程示例有许多相同的状态，但两者还是有很大差别的，建议将这两个示例完全区分开。

马尔可夫决策过程引入了行为，使得状态转移矩阵和奖励函数与之前的马尔可夫奖励过程有明显的差别。在马尔可夫决策过程中，个体基于自身对当前状态的认识，从行为集中选择一个行为，而个体在实施了其所选定的行为后，其后续状态不由个体的行为直接决定，而是由环境的动力学特征来决定。个体在给定状态下从行为集中选择一个行为的依据称为**策略**（Policy），用字母 π 表示。策略 π 是某一状态下基于行为集合的一个概率分布：

$$\pi(a|s) = \boldsymbol{P}[A_t = a | S_t = s] \tag{2.9}$$

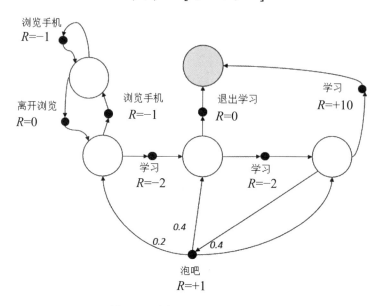

图2.4 学生马尔可夫决策过程

在马尔可夫决策过程中，个体在某一个状态下参照策略就可以产生一个行为，这意味着策略仅与当前状态相关，而与历史状态无关。在一个策略下，个体处于不同的状态可能产生不同的行为；同样在一个策略下，个体处在同一个状态下也可能产生不同的行为。策略描述的是个体的行为产生的机制，虽然产生的行为可能会随状态不同而发生变化，但策略本身是不随状态变化而变化的，是静态的。

随机策略是一个很常用的策略，当个体应用随机策略时，它在某一状态下选择的行为并不确定。借助随机策略，个体可以在同一状态下尝试不同的行为。

当给定一个马尔可夫决策过程 MDP $< S, A, \boldsymbol{P}, R, \gamma >$ 和一个策略 π 时，状态序列 $S_1, S_2, S_3, \cdots$ 是一个符合马尔可夫过程 $<S, \boldsymbol{P}_\pi>$ 的采样。类似地，联合状态和奖励的序列 $S_1, S_2, S_3, \cdots$ 是一个符合马尔可夫奖励过程 $< S, \boldsymbol{P}_\pi, R_\pi, \gamma >$ 的采样，并且在这个奖励过程中满足下面的方程：

$$
\begin{aligned}
\boldsymbol{P}_{s,s'}^\pi &= \sum_{a \in A} \pi(a | s) \boldsymbol{P}_{ss'}^a \\
R_s^\pi &= \sum_{a \in A} \pi(a | s) R_s^a
\end{aligned}
\tag{2.10}
$$

上述公式体现了马尔可夫决策过程中的一个策略对应一个马尔可夫过程和一个马尔可夫奖励过程。不难理解，同一个马尔可夫决策过程，不同的策略会产生不同的马尔可夫（奖励）过程，进而会有不同的状态价值函数。因此，在马尔可夫决策过程中，有必要扩展先前定义的价值函数。

【定义】价值函数 $v_\pi(s)$ 是在马尔可夫决策过程下基于策略 π 的状态价值函数，表示从状态 s 开始，遵循当前策略 π 时所获得的收获的期望：

$$v_\pi(s) = \mathbb{E}[G_t | S_t = s] \tag{2.11}$$

同样，由于引入了行为，为了描述同一状态下采取不同行为的价值，我们定义一个基于策略π的行为价值函数$q_\pi(s,a)$，表示在遵循策略π时对当前状态s执行某一具体行为a所能得到的收获的期望：

$$q_\pi(s,a) = \mathbb{E}\big[G_t \,|\, S_t = s, A_t = a\big] \tag{2.12}$$

行为价值（函数）确定的某一个行为的价值都是与某一状态相关的，所以准确地说应该是状态行为对的价值（函数）。为了简洁，本书统一使用行为价值（函数）来表示状态行为对的价值（函数），而状态价值（函数）或价值（函数）多用于表示单纯基于状态的价值（函数）。

定义了基于策略π的状态价值函数和行为价值函数后，依据贝尔曼方程，我们可以得到如下两个贝尔曼期望方程：

$$v_\pi(s) = \mathbb{E}\big[R_{t+1} + \gamma v_\pi(S_{t+1}) \,|\, S_t = s\big] \tag{2.13}$$

$$q_\pi(s,a) = \mathbb{E}\big[R_{t+1} + \gamma q_\pi(S_{t+1}, A_{t+1}) \,|\, S_t = s, A_t = a\big] \tag{2.14}$$

由于行为是连接马尔可夫决策过程中状态转换的桥梁，因此一个行为的价值与状态的价值关系紧密，具体表现为一个状态的价值可以用该状态下所有行为价值来表达：

$$v_\pi(s) = \sum_{a \in A} \pi(a|s) q_\pi(s,a) \tag{2.15}$$

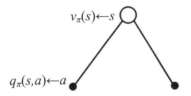

类似地，一个行为的价值可以用该行为所能到达的后续状态的价值来表达：

$$q_\pi(s,a) = R_s^a + \gamma \sum_{s' \in S} \boldsymbol{P}_{ss'}^a v_\pi(s') \tag{2.16}$$

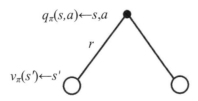

把式（2.15）和式（2.16）组合起来，可以得到下面的结果：

$$v_\pi(s) = \sum_{a \in A} \pi(a|s)\left(R_s^a + \gamma \sum_{s' \in S} \boldsymbol{P}_{ss'}^a v_\pi(s') \right) \tag{2.17}$$

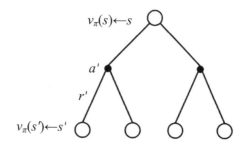

或者

$$q_\pi\left(s,a\right) = R_s^a + \gamma \sum_{s' \in S} \boldsymbol{P}_{ss'}^a \sum_{a' \in A} \pi\left(a'|s'\right) q_\pi\left(s',a'\right) \tag{2.18}$$

图 2.5 给出了一个给定策略下计算得到的学生马尔可夫决策过程的价值函数（数值保留至小数点后一位）。每一个状态下都有且仅有两个实质可发生的行为，我们的策略是这两种行为以均等（各 0.5）的概率被选择执行，同时衰减因子 $\gamma = 1$。状态"第三节课"（图中最右侧虚心圆圈所示的状态）在该策略下的价值为 7.4，可以由式（2.17）计算得出。

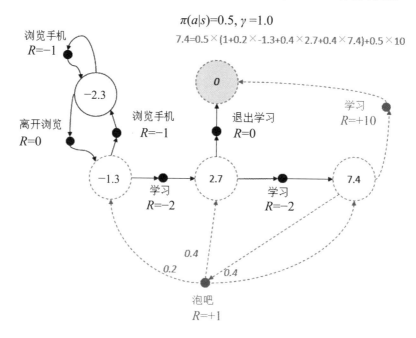

图 2.5 基于给定策略的学生马尔可夫决策过程价值函数

给定策略π下的 MDP 问题可以通过其衍生的 MRP 和P来求解。不同的策略可以得到不同的价值函数，这些价值函数之间的差别有什么意义？是否存在一个基于某一策略的价值函数，在该策略下每一个状态的价值都比其他策略下该状态的价值高？如果存在，如何找到这样的价值函数？这样的价值函数对应的策略又是什么？为了回答这些问题，我们需要引入最优策略、最优价值函数等概念。

解决强化学习问题意味着要寻找一个最优的策略（让个体在与环境交互过程中获得始终比其他策略都要多的收获），这个最优策略用π^*表示。一旦找到最优策略π^*，就意味着该强化学习问题得到了解决。寻找最优策略是一件比较困难的事情，但是可以通过比较两个不同策略的优劣来确定一个较好的策略。

【定义】　**最优状态价值函数**（Optimal Value Function）是所有策略下产生的众多状态价值函数中的最大者：

$$v_* = \max_{\pi} v_{\pi}(s) \tag{2.19}$$

【定义】　**最优行为价值函数**（Optimal Action-Value Function）是所有策略下产生的众多行为价值函数中的最大者：

$$q_*(s,a) = \max_{\pi} q_{\pi}(s,a) \tag{2.20}$$

【定义】　**策略π优于π'（$\pi \geqslant \pi'$）**，对于有限状态集里的任意一个状态 s，不等式 $v_{\pi}(s) \geqslant v_{\pi'}(s)$ 成立。

可以认为，对于任何马尔可夫决策过程，存在一个最优策略π优于或至少不差于所有其他策略。一个马尔可夫决策过程可能存在不止一个最优策略，但最优策略下的状态价值函数均等同于最优状态价值函数，即 $v_{\pi_*}(s) = v_*(s)$。最优策略下的行为价值函数均等同于最优行为价值函数，即 $q_{\pi_*}(s,a) = q_*(s,a)$。

最优策略可以通过最大化最优行为价值函数$q_*(s,a)$来获得：

$$\pi^*(a \mid s) = \begin{cases} 1 & a = \arg\max_{a \in A} q^*(s,a) \\ 0 & \text{其他} \end{cases} \tag{2.21}$$

该式表示，在最优行为价值函数已知时，在某一状态 s 下，对于行为集里的每一个行为a将对应一个最优行为价值 $q_*(s,a)$，最优策略 $\pi^*(a|s)$ 将给予所有最优行为价值中的最大值对应的行为以 100%的概率，而其他行为被选择的概率为 0，也就是说最优策略在面对每一个状态时将总是选择能够带来最大、最优行为价值的行为。这同时意味着，一旦得到 $q_*(s,a)$，最优策略也就找到了。因此求解强化学习问题就转变为求解最优行为价值函数问题。

拿学生马尔可夫决策过程来说，图 2.6 用粗虚箭头指出了最优策略，同时也对应了某个状态下的最优行为价值。

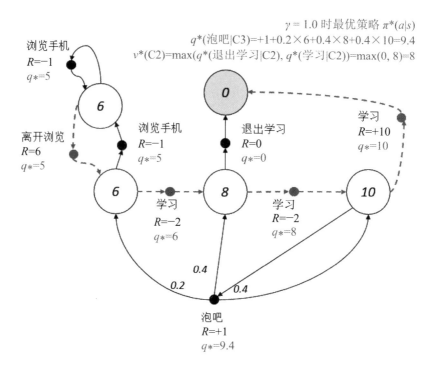

图 2.6　学生马尔可夫决策过程最优策略

在学生马尔可夫决策过程的例子中，各状态以及相应行为对应的最优价值可以通过回溯法递推计算得到。其中，状态 s 的最优价值可以由下面的贝尔曼最优方程得到：

$$v_*(s) = \max_a q_*(s,a) \qquad (2.22)$$

式（2.22）表示一个状态的最优价值是该状态下所有行为对应的最优行为价值的最大值。这不难理解，对于图 2.6 学生示例中的状态"第三节课"，可以选择的行为有"学习"和"泡吧"，其对应的最优行为价值分别为 10 和 9.4，因此状态"第三节课"的最优价值就是两者中的最大值 10。

由于一个行为的奖励和后续状态并不由个体决定，因此在状态 s 时选择行为 a 的最优行为价值将不能使用最大化某一可能的后续状态的价值来计算。它由下面的贝尔曼最优方程得到：

$$q_*(s,a) = R_s^a + \gamma \sum_{s' \in S} P_{ss'}^a v_*(s') \qquad (2.23)$$

式（2.23）表示一个行为的最优价值由两部分组成：一部分是执行该行为后环境给予的确定的即时奖励；另一部分是所有后续可能状态的最优状态价值按发生概率求和，再乘以衰减系数。

同样在学生示例中，考虑学生在"第三节课"选择行为"泡吧"的最优行为价值时，先计入学生采取该行为后得到的即时奖励+1，学生选择了该行为后，并不确定下一个状态是什么，环境根据一定的概率确定学生的后续状态是"第一节课""第二节课"还是"第三节课"。此时要计算"泡吧"的行为价值势必不能取这 3 个状态的最大值，而只能取期望值，也就是按照进入各种可能状态的概率来估计总的最优价值，具体表现为：

$$6 \times 0.2 + 8 \times 0.4 + 10 \times 0.4 = 8.4$$

考虑到衰减系数 $\gamma = 1$ 以及即时奖励为 +1，因此在第三节课后采取泡吧行为的最优行为价值为 9.4。

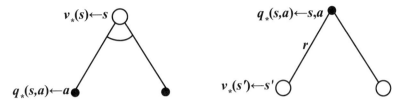

可以看出，某状态的最优价值等同于该状态下所有的行为价值中的最大者，某一行为的最优行为价值可以通过计算该行为可能进入的所有后续状态的最优状态价值来求解。如果把二者联系起来，那么一个状态的最优价值就可以通过计算其后续可能状态的最优价值来求解：

$$v_*(s) = \max_a \left(R_s^a + \gamma \sum_{s' \in S} P_{ss'}^a v_*(s') \right) \tag{2.24}$$

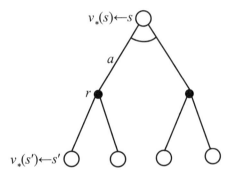

类似地，最优行为价值函数也可以通过计算后续的最优行为价值函数来求解：

$$q_*(s,a) = R_s^a + \gamma \sum_{s' \in S} P_{ss'}^a \max_{a'} q_*(s', a') \tag{2.25}$$

贝尔曼最优方程不是线性方程，无法直接求解，通常采用迭代法来求解，具体有价值迭代、策略迭代、Q 学习、Sarsa 学习等多种迭代方法，后续几章将陆续介绍。

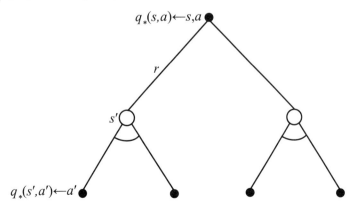

2.4 编程实践：学生马尔可夫决策示例

本章的编程实践环节将以学生马尔可夫奖励和决策过程两个示例为核心，通过编写程序并观察程序运行结果来加深对马尔可夫奖励过程、马尔可夫决策过程、收获和价值、贝尔曼期望方程和贝尔曼最优方程等知识的理解。首先我们将讲解如何对一个马尔可夫奖励过程进行建模，随后利用我们建立的模型来计算马尔可夫奖励过程产生的状态序列中某一状态的收获，并通过直接求解线性方程的形式来获得马尔可夫奖励过程的价值函数。在对马尔可夫决策过程进行建模后，我们将编写各种方法实现贝尔曼期望方程给出的基于某一策略下的状态价值和行为价值的关系；同时验证在给出最优价值函数的情况下最优状态价值和最优行为价值之间的关系。

2.4.1 收获和价值的计算

图 2.2 给出了定义学生马尔可夫奖励过程所需要的信息。其中，状态集 S 有 7 个状态，状态转换概率如果用矩阵的形式则将是一个 7×7 的矩阵，奖励函数可以用 7 个标量来表示，分别表示离开某一个状态得到的即时奖励值。在 Python 中，可以使用列表（List）或字典（Dict）来表示集合数据。在本例中，为了方便计算，我们使用数字索引 0~6 来表示 7 个状态，用一个列表嵌套列表的方式来表示状态转移概率矩阵，同时为了方便说明和理解，我们使用两个字典来建立数字对应的状态与其实际状态名的双向映射关系。要实现这些功能，可以这样编写代码：

```python
import numpy as np              # 需要用到 NumPy 包
num_states = 7
i_to_n = {"0":"C1",            # 索引到状态名的字典
          "1":"C2",
          "2":"C3",
          "3":"Pass",
          "4":"Pub",
          "5":"FB",
          "6":"Sleep", }
n_to_i = {}                    # 状态名到索引的字典
for i, name in zip(i_to_n.keys(), i_to_n.values()):
    n_to_i[name] = int(i)


Pss = [                        # 状态转移概率矩阵
    [ 0.0, 0.5, 0.0, 0.0, 0.0, 0.5, 0.0 ],
    [ 0.0, 0.0, 0.8, 0.0, 0.0, 0.0, 0.2 ],
    [ 0.0, 0.0, 0.0, 0.6, 0.4, 0.0, 0.0 ],
    [ 0.0, 0.0, 0.0, 0.0, 0.0, 0.0, 1.0 ],
    [ 0.2, 0.4, 0.4, 0.0, 0.0, 0.0, 0.0 ],
    [ 0.1, 0.0, 0.0, 0.0, 0.0, 0.9, 0.0 ],
    [ 0.0, 0.0, 0.0, 0.0, 0.0, 0.0, 1.0 ]
```

```
]
Pss = np.array(Pss)
rewards = [-2, -2, -2, 10, 1, -1, 0]    # 奖励函数，分别与状态对应
gamma = 0.5                             # 衰减因子
```

至此，学生马尔可夫奖励过程就建立了。接下来我们建立一个函数，用来计算一个状态序列中某一状态的收获。由于收获值是针对某一状态序列里某一状态的，因此传递给这个方法的参数需要有一个马尔可夫链、要计算的状态以及衰减系数值。使用式（2.3）来计算，代码如下：

```
def compute_return(start_index=0, chain=None, gamma=0.5) -> float:
    '''计算一个马尔可夫奖励过程中某状态的收获值
    Args:
        start_index 要计算的状态在链中的位置
        chain 要计算的马尔可夫过程
        gamma 衰减系数
    Returns:
        retrn 收获值
    '''
    retrn, power, gamma = 0.0, 0, gamma
    for i in range(start_index, len(chain)):
        retrn += np.power(gamma, power) * rewards[n_to_i[chain[i]]]
        power += 1
    return retrn
```

我们定义一下正文中以 S_1 为起始状态的几条马尔可夫链，并使用刚才定义的方法来验证最后一条马尔可夫链起始状态的收获值：

```
chains = [
    ["C1", "C2", "C3", "Pass", "Sleep"],
    ["C1", "FB", "FB", "C1", "C2", "Sleep"],
    ["C1", "C2", "C3", "Pub", "C2", "C3", "Pass", "Sleep"],
    ["C1", "FB", "FB", "C1", "C2", "C3", "Pub", "C1", "FB",\
     "FB", "FB", "C1", "C2", "C3", "Pub", "C2", "Sleep"]
]
compute_return(0, chains[3], gamma = 0.5)
# 将输出: -3.196044921875
```

也可以修改参数来验证其他收获值。

接下来我们将使用矩阵运算直接求解状态的价值。编写一个计算状态价值的方法，代码如下：

```
def compute_value(Pss, rewards, gamma = 0.05):
    '''通过求解矩阵方程的形式直接计算状态的价值
    Args:
```

```
        P 状态转移概率矩阵 shape(7, 7)
        rewards 即时奖励列表
        gamma 衰减系数
    Return
        values 各状态的价值
    '''
    # assert(gamma >= 0 and gamma <= 1.0)
    # 将 rewards 转为 NumPy 数组并修改为列向量的形式
    rewards = np.array(rewards).reshape((-1,1))
    # np.eye(7,7)为单位矩阵，inv 方法为求矩阵的逆
    values=np.dot(np.linalg.inv(np.eye(7,7)-gamma*Pss),rewards)
    return values
```

```
values = compute_value(Pss, rewards, gamma = 0.99999) print(values)
# 将输出:
# [[-12.54296219]
#  [ 1.4568013 ]
#  [ 4.32100594]
#  [ 10.       ]
#  [ 0.80253065]
#  [-22.54274676]
#  [ 0.       ]]
```

在利用矩阵的逆直接求解状态价值时，本示例的状态转移概率矩阵 P_{ss} 的设置使得当 $\gamma = 1$ 时需要计算的矩阵的逆恰好不存在，因而我们给 γ 一个近似于 1 的值，计算得到的状态价值取一位小数后与图 2.3 显示的状态值相同。

2.4.2 验证贝尔曼方程

本节将使用学生马尔可夫决策过程例子中的数据，如图 2.4 所示，状态数变成 5 个，为了方便理解，我们把这 5 个状态分别命名为"浏览手机中""第一节课""第二节课""第三节课""休息中"；行为总数也是 5 个，分别命名为"浏览手机""学习""离开浏览""泡吧""退出学习"，但具体到某一状态则只有两个可能的行为。与马尔可夫奖励过程不同，马尔可夫决策过程的状态转移概率与奖励函数均与行为相关。本例中多数状态下某行为将以 100% 的概率到达一个后续状态，但在状态"第三节课"中选择"泡吧"行为除外。在对该马尔可夫决策过程进行建模时，将使用字典来存放这些概率和奖励数据。我们事先已经写好了一些工具方法来操作字典，包括根据状态和行为来生成一个字典的键、显示和读取相关字典内容等，可以在本节的最后找到这些代码。我们要操作的字典除了记录状态转移概率和奖励数据外，还将设置一个记录状态价值的字典以及下文会提及的一个策略字典。具体如下：

```
# 导入工具函数：根据状态和行为生成操作相关字典的键，显示字典内容
from utils import str_key, display_dict
# 设置转移概率、奖励值以及读取它们的方法
```

```
from utils import set_prob, set_reward, get_prob, get_reward
# 设置状态价值、策略概率以及读取它们的方法
from utils import set_value, set_pi, get_value, get_pi
# 构建学生马尔可夫决策过程
S = ['浏览手机中','第一节课','第二节课','第三节课','休息中']
A = ['浏览手机','学习','离开浏览','泡吧','退出学习']
R = {}                  # 奖励 Rsa 字典
P = {}                  # 状态转移概率 Pss'a 字典
gamma = 1.0             # 衰减因子
# 根据学生马尔可夫决策过程示例的数据设置状态转移概率和奖励，默认概率为1
set_prob(P, S[0], A[0], S[0])       # 浏览手机中-浏览手机->浏览手机中
set_prob(P, S[0], A[2], S[1])       # 浏览手机中-离开浏览->第一节课
set_prob(P, S[1], A[0], S[0])       # 第一节课-浏览手机->浏览手机中
set_prob(P, S[1], A[1], S[2])       # 第一节课-学习->第二节课
set_prob(P, S[2], A[1], S[3])       # 第二节课-学习->第三节课
set_prob(P, S[2], A[4], S[4])       # 第二节课-退出学习->休息中
set_prob(P, S[3], A[1], S[4])       # 第三节课-学习->休息中
set_prob(P, S[3], A[3], S[1], p = 0.2) # 第三节课-泡吧->第一节课
set_prob(P, S[3], A[3], S[2], p = 0.4) # 第三节课-泡吧->第二节课
set_prob(P, S[3], A[3], S[3], p = 0.4) # 第三节课-泡吧->第三节课
set_reward(R, S[0], A[0], -1)       # 浏览手机中-浏览手机->-1
set_reward(R, S[0], A[2], 0)        # 浏览手机中-离开浏览->0
set_reward(R, S[1], A[0], -1)       # 第一节课-浏览手机->-1
set_reward(R, S[1], A[1], -2)       # 第一节课-学习->-2
set_reward(R, S[2], A[1], -2)       # 第二节课-学习->-2
set_reward(R, S[2], A[4], 0)        # 第二节课-退出学习->0
set_reward(R, S[3], A[1], 10)       # 第三节课-学习->10
set_reward(R, S[3], A[3], +1)       # 第三节课-泡吧->-1
MDP = (S, A, R, P, gamma)
```

至此，描述学生马尔可夫决策过程的模型就建立好了。当该 MDP 构建好之后，我们可以调用显示字典的方法来查看设置是否正确：

```
print("----状态转移概率字典（矩阵）信息:----")
display_dict(P)
print("----奖励字典（函数）信息:----")
display_dict(R)
# 将输出如下结果：
# ----状态转移概率字典（矩阵）信息:----
# 第三节课_学习_休息中： 1.00
# 第三节课_泡吧_第三节课： 0.40
# 浏览手机中_浏览手机_浏览手机中： 1.00
# 第一节课_浏览手机_浏览手机中： 1.00
# 第三节课_泡吧_第二节课： 0.40
```

```
# 第三节课_泡吧_第一节课： 0.20
# 第一节课_学习_第二节课： 1.00
# 第二节课_学习_第三节课： 1.00
# 第二节课_退出学习_休息中： 1.00
# 浏览手机中_离开浏览_第一节课： 1.00
#
# ----奖励字典（函数）信息:----
# 第三节课_学习： 10.00
# 第一节课_学习： -2.00
# 浏览手机中_离开浏览： 0.00
# 第二节课_学习： -2.00
# 第二节课_退出学习： 0.00
# 第三节课_泡吧： 1.00
# 第一节课_浏览手机： -1.00
# 浏览手机中_浏览手机： -1.00
```

一个MDP中状态的价值是基于某一给定策略的。要计算或验证该学生马尔可夫决策过程，我们需要先指定一个策略π，这里考虑使用均匀随机策略（Uniform Random Policy），也就是在某状态下所有可能的行为被选择的概率相等,对于每一个状态只有两种可能行为的该学生马尔可夫决策过程来说，每个可选行为的概率均为 0.5。初始条件下所有状态的价值均设为 0。与状态转移概率和奖励函数一样，策略与价值也各用一个字典来维护。在编写代码时，我们使用 Pi（或 pi）来代替π。该段代码如下：

```
# S = ['浏览手机中','第一节课','第二节课','第三节课','休息中']
# A = ['浏览手机','学习','离开浏览','泡吧','退出学习']
# 设置行为策略: pi(a|.) = 0.5
Pi = {}
set_pi(Pi, S[0], A[0], 0.5) # 浏览手机中 - 浏览手机
set_pi(Pi, S[0], A[2], 0.5) # 浏览手机中 - 离开浏览
set_pi(Pi, S[1], A[0], 0.5) # 第一节课 - 浏览手机
set_pi(Pi, S[1], A[1], 0.5) # 第一节课 - 学习
set_pi(Pi, S[2], A[1], 0.5) # 第二节课 - 学习
set_pi(Pi, S[2], A[4], 0.5) # 第二节课 - 退出学习
set_pi(Pi, S[3], A[1], 0.5) # 第三节课 - 学习
set_pi(Pi, S[3], A[3], 0.5) # 第三节课 - 泡吧
print("----状态转移概率字典（矩阵）信息:----")
display_dict(Pi)
# 初始时价值为空，访问时会返回 0
print("----状态转移概率字典（矩阵）信息:----")
V = {}
display_dict(V)
# 将输出如下结果：
# ----状态转移概率字典（矩阵）信息:----
# 第二节课_学习： 0.50
```

```
# 第三节课_学习： 0.50
# 第二节课_退出学习： 0.50
# 浏览手机中_浏览手机： 0.50
# 第三节课_泡吧： 0.50
# 第一节课_浏览手机： 0.50
# 第一节课_学习： 0.50
# 浏览手机中_离开浏览： 0.50
#
# ----状态转移概率字典（矩阵）信息:----
```

下面我们将编写代码来计算在给定 MDP 和状态价值函数 v 的条件下，在状态 s 时采取了行为 a 的价值 $q(s, a)$，依据是式（2.16）。该计算过程不涉及策略，代码如下：

```
def compute_q(MDP, V, s, a):
    '''根据给定的 MDP，价值函数 V，计算状态行为对 "s,a" 的价值 qsa
    '''
    S, A, R, P, gamma = MDP
    q_sa = 0
    for s_prime in S:
        q_sa += get_prob(P, s, a, s_prime) * get_value(V, s_prime)
        q_sa = get_reward(R, s, a) + gamma * q_sa
    return q_sa
```

依据式（2.15），我们可以编写如下方法来计算给定策略 Pi 下某一状态的价值：

```
def compute_v(MDP, V, Pi, s):
    '''给定 MDP 下，依据某一策略 Pi 和当前状态价值函数 V 来计算某状态 s 的价值
    '''
    S, A, R, P,gamma=MDP
    v_s = 0
    for a in A:
        v_s += get_pi(Pi, s,a)*compute_q(MDP, V, s, a)
    return v_s
```

至此，我们就可以验证学生马尔可夫决策过程中基于某一策略下各状态以及各状态行为对的价值了。不过在验证之前，我们先给出在均匀随机策略下该学生马尔可夫决策过程的最终状态函数。下面的两个方法将完成这个功能。在本章中对下面这段代码不做要求，可以在学习第 3 章内容后再来理解：

```
# 根据当前策略使用回溯法来更新状态价值，本章不做要求
def update_V(MDP, V, Pi):
    '''给定一个 MDP 和一个策略，更新该策略下的价值函数 V
    '''
    S, _, _, _, _ = MDP
    V_prime = V.copy()
    for s in S:
```

```
        #set_value(V_prime, s, V_S(MDP, V_prime, Pi, s))
        V_prime[str_key(s)] = compute_v(MDP, V_prime, Pi, s)
    return V_prime


# 策略评估，得到该策略下最终的状态价值，本章不做要求
def policy_evaluate(MDP, V, Pi, n):
    '''使用 n 次迭代计算来评估一个 MDP 在给定策略 Pi 下的状态价值，初始时价值为 V
    '''
    for i in range(n):
        V = update_V(MDP, V, Pi)
        #display_dict(V)

    return V


V=policy_evaluate(MDP, V, Pi, 100)
display_dict(V)
# 将输出如下结果：
# 第一节课： -1.31
# 第三节课： 7.38
# 浏览手机中： -2.31
# 第二节课： 2.69
# 休息中： 0.00
```

我们来计算一下在均匀随机策略下状态"第三节课"的最终价值，写入下面的代码：

```
v = compute_v(MDP, V, Pi, "第三节课")
print("第三节课在当前策略下的最终价值为:{:.2f}".format(v))
# 将输出如下结果：
# 第三节课在当前策略下的最终价值为:7.38
```

可以看出该结果与图 2.5 所示的结果相同（四舍五入）。读者可以修改代码验证其他状态在该策略下的最终价值。

不同的策略下得到各状态的最终价值并不一样。在最优策略下最优状态价值的计算将遵循式（2.22），此时一个状态的价值将是在该状态下所有行为价值中的最大值。我们编写如下方法来实现计算最优策略下最优状态价值的功能：

```
def compute_v_from_max_q(MDP, V, s):
    '''根据一个状态下所有可能的行为价值中最大的一个来确定当前状态价值
    '''
    S, A, R, P, gamma = MDP
    v_s = -float('inf')
    for a in A:
        qsa = compute_q(MDP, V, s, a)
        if qsa >= v_s:
            v_s = qsa
```

```
        return v_s
```

下面这段代码实现了在给定 **MDP** 下得到最优策略以及对应的最优状态价值的一种办法，同样这段代码可以在学习第 3 章内容之后再来仔细理解：

```
def update_V_without_pi(MDP, V):
    '''在不依赖策略的情况下直接通过后续状态的价值来更新状态价值
    '''
    S, _, _, _, _ = MDP
    V_prime = V.copy()
    for s in S:
        #set_value(V_prime, s, compute_v_from_max_q(MDP, V_prime, s))
        V_prime[str_key(s)]=compute_v_from_max_q(MDP, V_prime, s)
    return V_prime


# 价值迭代，本章不做要求
def value_iterate(MDP, V, n):
    '''价值迭代
    '''
    for i in range(n):
        V = update_V_without_pi(MDP, V)

    return V


V={}
# 通过价值迭代得到最优状态价值
V_star = value_iterate(MDP, V, 4)
display_dict(V_star)
# 将输出如下结果：
# 第一节课：  6.00
# 第三节课：  10.00
# 浏览手机中：  6.00
# 第二节课：  8.00
# 休息中：  0.00
```

上面的代码输出的各状态的最终价值与图 2.6 所示的结果相同。有了最优状态价值，我们可以依据式（2.23）计算最优行为价值，不必再为此编写一个方法，之前的方法 compute_q 就可以完成这个功能。使用下面的代码来验证在状态 "第三节课" 时选择 "泡吧" 行为的最优价值：

```
# 验证最优行为价值
s, a = "第三节课", "泡吧"
q = compute_q(MDP, V_star, "第三节课", "泡吧")
print("在状态{}选择行为{}的最优价值为:{:.2f}".format(s,a,q))
```

```
# 输出结果如下：
# 在状态"第三节课"选择行为"泡吧"的最优价值为9.40
```

本章的编程实践到此结束。下面的代码是马尔可夫决策过程一开始导入的方法，保存在与之前代码的同一文件夹下，文件名为"utils.py"：

```python
def str_key(*args):
    '''将参数用"_"连接起来作为字典的键，需注意参数本身可能会是元组类型或者列表类型，
    比如类似((a,b,c),d)的形式。
    '''
    new_arg = []
    for arg in args:
        if type(arg) in [tuple, list]:
            new_arg += [str(i) for i in arg]
        else:
            new_arg.append(str(arg))
    return "_".join(new_arg)

def set_dict(target_dict, value, *args):
    target_dict[str_key(*args)] = value

def set_prob(P, s, a, s1, p = 1.0):     # 设置概率字典
    set_dict(P, p, s, a, s1)

def get_prob(P, s, a, s1):              # 获取概率值
    return P.get(str_key(s,a,s1), 0)

def set_reward(R, s, a, r):             # 设置奖励值
    set_dict(R, r, s, a)

def get_reward(R, s, a):                # 获取奖励值
    return R.get(str_key(s,a), 0)

def display_dict(target_dict):          # 显示字典内容
    for key in target_dict.keys():
        print("{}: {:.2f}".format(key, target_dict[key]))
    print("")

def set_value(V, s, v):                 # 设置价值字典
    set_dict(V, v, s)

def get_value(V, s):                    # 获取价值字典
    return V.get(str_key(s), 0)

def set_pi(Pi, s, a, p = 0.5):          # 设置策略字典
    set_dict(Pi, p, s, a)

def get_pi(Pi, s, a):                   # 获取策略（概率）值
    return Pi.get(str_key(s,a), 0)
```

第3章 动态规划寻找最优策略

本章将详细讲解如何利用动态规划算法来解决强化学习中的规划问题。"规划"是在已知环境动力学的基础上进行评估和控制，就是在了解包括状态和行为空间、转移概率矩阵、奖励等信息的基础上判断一个给定策略的价值函数，或判断一个策略的优劣并最终找到最优策略和最优价值函数。虽然多数强化学习问题并不会给出具体的环境动力学，并且多数复杂的强化学习问题无法通过动态规划算法来快速求解，但是本章的内容仍然十分重要，包含许多非常重要的概念，例如预测和控制、策略迭代、价值迭代等。正确理解这些概念对于了解本书后续章节的内容非常重要，因而可以说本章内容是整个强化学习核心内容的引子。

动态规划算法把求解复杂问题分解为求解子问题，通过求解子问题进而得到整个问题的解。在求解子问题时，其结果通常需要存储起来，以便用来求解后续的复杂问题。当问题具有下列两个性质时，通常可以考虑使用动态规划来求解：第一个性质是一个复杂问题的最优解由数个小问题的最优解构成，这样就可以通过寻找子问题的最优解来得到这个复杂问题的最优解；第二个性质是子问题在复杂问题内重复出现，使得子问题的解可以被存储起来重复利用。马尔可夫决策过程具有上述两个性质：贝尔曼方程把问题递归为求解子问题；价值函数相当于存储了一些子问题的解，可以复用。因此可以使用动态规划来求解马尔可夫决策过程。

预测和控制是规划的两个重要内容：预测是对给定策略的评估过程，控制是寻找一个最优策略的过程。对预测和控制的数学描述如下：

预测（Prediction）：已知一个马尔可夫决策过程 MDP$\langle S, A, P, R, \gamma \rangle$ 和一个策略 π，或者给定一个马尔可夫奖励过程 MRP$\langle S, P_\pi, R_\pi, \gamma \rangle$，求解基于该策略的价值函数 v_π。

控制（Control）：已知一个马尔可夫决策过程 MDP$\langle S, A, P, R, \gamma \rangle$，求解最优价值函数 v_* 和最优策略 π^*。

下文将详细讲解如何使用动态规划算法对一个 MDP 问题进行预测和控制。

3.1 策 略 评 估

策略评估（Policy Evaluation）是指在给定策略下求解状态价值函数的过程。对策略评估，我们可以使用同步迭代联合动态规划的算法：从任意一个状态价值函数开始，依据给定的策略，结合贝尔曼期望方程、状态转移概率和奖励来同步迭代更新状态价值函数，直至其收敛，得到该策略下最终的状态价值函数。理解该算法的关键在于在一个迭代周期内如何更新每一个状态的价值。该迭代法可以确保收敛形成一个稳定的价值函数，关于这一点的证明涉及压缩映射原理，它超出了本书的范围，有兴趣的读者可以查阅相关文献。

贝尔曼期望方程给出了如何根据状态转换关系中的后续状态 S' 来计算当前状态 S 的价值，在同步迭代法中，我们使用上一个迭代周期 k 内的后续状态价值来计算并更新当前迭代周期 $k+1$ 内某状态 s 的价值：

$$v_{k+1}(s) = \sum_{a \in A} \pi(a|s)\left(R_s^a + \gamma \sum_{s' \in S} P_{ss'}^a v_k(s') \right) \tag{3.1}$$

我们可以对计算得到的新状态价值函数再次进行迭代，直至状态函数收敛，也就是迭代计算得到每一个状态的新价值与原价值之间的差别在一个很小的、可接受的范围内。

我们将用一个小型格子世界（见图 3.1）来解释同步迭代法进行策略评估的细节。在此之前，先详细描述一下这个小型格子世界对应的强化学习问题，借此加强读者把实际问题转化为强化学习问题的能力。

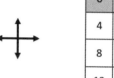

考虑图 3.1 所示的 4×4 的方格阵列，我们把它看成一个小世界。这个世界环境有 16 个状态，图中每一个小方格对应一个状态，依次用 0 至 15 标记。其中，状态 0 和 15 分别位于左上角和右下角，是终止状态，

图 3.1　4×4 小型格子世界

用灰色表示。假设在这个小型格子世界中有一个可以进行上、下、左、右移动的个体，它的任务是通过不断移动到达两个灰色格子中的任意一个。这个小型格子世界的环境有着自己的动力学特征（即环境规则）：当个体采取的移动行为不会导致个体离开格子世界时，个体将以 100% 的概率到达它移动方向上相邻的格子，之所以是相邻的格子而不能跳格，是由于环境规则约束个体每次只能移动一格，同时规定个体不能斜向移动；如果个体采取的移动行为会跳出格子世界，那么环境规则将让个体以 100% 的概率停留在原来的状态　——保持在原地；如果个体到达终止状态（灰色格子中的一个），任务就结束了，否则个体可以继续移动。当个体采取了一个行为后，只要这个行为是个体在非终止状态时执行的，那么不管个体随后到达哪一个状态，个体都获得环境给予的值为-1 的奖励；当个体处于终止位置时，它的任何行为都将获得值为 0 的奖励并仍旧停留在终止位置。环境设置的这种奖励机制是赋予了个体希望获得累积最大奖励的"天性"，让个体在格子世界中用尽可能少的步数来到达终止状态，即完成任务。个体在格子世界中每多走一步，得到的奖励都是一个负值。为了简化问题，我们设置衰减因子 $\gamma=1$。至此，相信读者已经了解了这个格子世界的强化学习问题。

在这个小型格子世界的强化学习问题中，个体为了在完成任务时获得尽可能多的奖励（在此例中是尽可能减少负值奖励带来的惩罚），至少需要思考一个问题："当处在格子世界中的某一个状态时，我应该采取怎样的行为才能尽快到达表示终止状态的格子。"这个问题对于拥有人类智慧的我们来说不是什么难题，因为我们知道整个世界环境的运行规则（动力学特征）；对于格子世界中的个体来说就不那么简单了，因为个体身处格子世界中，一开始并不清楚各个状态之间的位置关系，也不知道当自己处在状态 4 时只需要选择"向上"移动的行为就可以直接到达终止状态。此时个体能做的就是在任何一个状态时以相等的概率选择朝 4 个方向移动。个体想到的办法就是采用一个均匀随机策略（Uniform Random Policy）。个体遵循这个均匀随机策略，不断产生行为，执行移动

动作，从格子世界环境获得奖励（大多数是−1 代表的惩罚），并到达一个新的或者曾经到达的状态。长久下去，个体会发现：遵循这个均匀随机策略时，每一个状态跟自己最后能够获得的最终奖励有一定的关系，在有些状态下自己最终获得的奖励并不那么少，而在某些状态下自己获得的最终奖励少得多。个体最终发现，在这个均匀随机策略指导下，每一个状态的价值是不一样的。这是一条非常重要的信息。对于个体来说，它需要通过不停地与环境交互，多次到达终止状态后才能对各个状态的价值有一定的认识。个体形成这个认识的过程就是策略评估的过程。我们知道描述整个格子世界的信息特征，不必要像格子世界中的个体那样通过与环境不停地交互来形成这种认识，所以我们可以直接通过迭代更新状态价值的办法来评估该策略下每一个状态的价值。

首先，我们假设所有除终止状态以外的 14 个状态的价值为 0。同时，由于终止状态获得的奖励为 0，根据贝尔曼方程，我们可以认为两个终止状态的价值始终保持为 0。这样产生了第 k=0 次迭代的状态价值函数（见图 3.2（a））。

在随后的每一次迭代内，个体在任意状态都以均等的概率（1/4）选择朝上、下、左、右这 4 个方向中的 1 个进行移动；只要个体不处于终止状态，随后产生任意 1 个方向的移动后都将得到−1 的奖励，并依据环境动力学 100%进入行为指向的相邻格子或碰壁后留在原位，在更新某一状态的价值时需要分别计算 4 个行为带来的价值分量。图 3.2 的（b）至（f）依次给出了第 1、2、3、10 以及无穷多次迭代后各个状态的价值。本章的实践部分将详细演示价值迭代的计算过程。

0.0	0.0	0.0	0.0
0.0	0.0	0.0	0.0
0.0	0.0	0.0	0.0
0.0	0.0	0.0	0.0

（a）k=0

0.0	-1.0	-1.0	-1.0
-1.0	-1.0	-1.0	-1.0
-1.0	-1.0	-1.0	-1.0
-1.0	-1.0	-1.0	0.0

（b）k=1

0.0	-1.7	-2.0	-2.0
-1.7	-2.0	-2.0	-2.0
-2.0	-2.0	-2.0	-1.7
-2.0	-2.0	-1.7	0.0

（c）k=2

0.0	-2.4	-2.9	-3.0
-2.4	-2.9	-3.0	-2.9
-2.9	-3.0	-2.9	-2.4
-3.0	-2.9	-2.4	0.0

（d）k=3

0.0	-6.1	-8.4	-9.0
-6.1	-7.7	-8.4	-8.4
-8.4	-8.4	-7.7	-6.1
-9.0	-8.4	-6.1	0.0

（e）k=10

0.0	-14	-20	-22
-14	-18	-20	-20
-20	-20	-18	-14
-22	-20	-14	0.0

（f）k=∞

图 3.2　小型格子世界迭代中的价值函数

3.2 策 略 迭 代

完成对一个策略的评估，将得到基于该策略下每一个状态的价值。很明显，不同状态对应的价值一般也不同，那么个体是否可以根据得到的价值状态来调整自己的行动策略呢？例如，考虑一种贪婪策略：个体在某个状态下只选择能达到最大后续价值的状态的行为。我们以均匀随机策略下第 2 次迭代后产生的价值函数为例来说明这个贪婪策略（见图 3.3）。

0.0	-1.7	-2.0	-2.0
-1.7	-2.0	-2.0	-2.0
-2.0	-2.0	-2.0	-1.7
-2.0	-2.0	-1.7	0.0

图 3.3　小型格子世界策略的改善（$k = 2$）

如图 3.3 所示，右侧是根据左侧各状态的价值绘制的贪婪策略方案。个体处在任何一个状态时，将比较所有后续可能的状态价值，从中选择一个最大价值的状态，再选择能到达这一状态的行为；如果有多个状态价值相同且均比其他可能的后续状态价值大，那么个体则从多个最大价值的状态中随机选择一个对应的行为。

在这个小型格子世界中，新的贪婪策略比之前的均匀随机策略要优秀不少，至少在靠近终止状态的几个状态中个体将有一个明确的行为，而不再是随机行为。我们从均匀随机策略下的价值函数中产生了更优秀的新策略，这是一个策略改善的过程。

一般情况下，当给定一个策略 π 时，可以得到基于该策略的价值函数 v_π，基于产生的价值函数可以得到一个贪婪策略 $\pi' = \mathrm{greedy}(v_\pi)$。

依据 65B0 的策略 π' 会得到一个新的价值函数，并产生新的贪婪策略，如此重复循环迭代将最终得到最优价值函数 v_* 和最优策略 π^*。策略在循环迭代中得到更新改善的过程称为**策略迭代**（Policy Iteration）。图 3.4 直观地显示了策略迭代的过程。

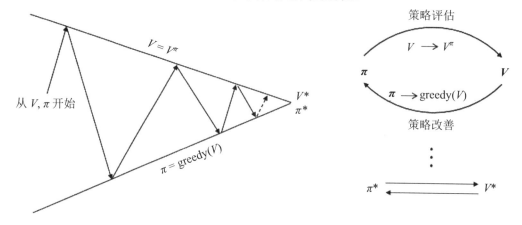

图 3.4　策略迭代过程示意图

从一个初始策略π和初始价值函数 V 开始，基于该策略进行完整的价值评估过程，得到一个新的价值函数，随后依据新的价值函数得到新的贪婪策略，随后计算新的贪婪策略下的价值函数，这个过程反复交替进行，在这个循环过程中策略和价值函数均得到迭代更新，并最终收敛至最优价值函数和最优策略。除了初始策略外，迭代中的策略均是依据价值函数的贪婪策略。

下文将证明基于贪婪策略的迭代将收敛于最优策略和最优状态价值函数。

考虑一个依据确定性策略π对任意状态 s 产生的行为 $a=\pi(s)$，贪婪策略在同样的状态 s 下会得到新行为 $a'=\pi'(s)$，其中：

$$\pi'(s)=\underset{a\in A}{\arg\max}\,q_\pi(s,a) \tag{3.2}$$

假如个体在与环境交互时仅在下一步采取该贪婪策略产生的行为，而在后续步骤仍采取基于原策略产生的行为，那么下面的式子成立：

$$q_\pi(s,\pi'(s))=\max_{a\in A}q_\pi(s,a)\geqslant q_\pi(s,\pi(s))=v_\pi(s)$$

由于上式中的 s 对状态集 S 中的所有状态都成立，因此针对状态 s 的所有后续状态均使用贪婪策略产生的行为，不等式 $v_{\pi'}\geqslant v_\pi(s)$ 将成立。这表明新策略下状态价值函数总不次于原策略下的状态价值函数。该步的推导如下：

$$\begin{aligned}
v_\pi(s)\leqslant q_\pi(s,\pi'(s))&=\mathbb{E}_{\pi'}\left[R_{t+1}+\gamma v_\pi(S_{t+1})\mid S_t=s\right]\\
&\leqslant\mathbb{E}_{\pi'}\left[R_{t+1}+\gamma q_\pi(S_{t+1},\pi'(S_{t+1}))\mid S_t=s\right]\\
&\leqslant\mathbb{E}_{\pi'}\left[R_{t+1}+\gamma R_{t+2}+\gamma^2 q_\pi(S_{t+2},\pi'(S_{t+2}))\mid S_t=s\right]\\
&\leqslant\mathbb{E}_{\pi'}\left[R_{t+1}+\gamma R_{t+2}+\ldots\mid S_t=s\right]=v_{\pi'}(s)
\end{aligned}$$

如果在某一个迭代周期内状态价值函数不再改善，即

$$q_\pi(s,\pi'(s))=\max_{a\in A}q_\pi(s,a)=q_\pi(s,\pi(s))=v_\pi(s)$$

就满足了贝尔曼最优方程的描述：

$$v_\pi=\max_{a\in A}q_\pi(s,a)$$

此时，对于所有状态集内的状态 $s\in S$，满足 $v_\pi(s)=v_*(s)$，表明此时的策略π即为最优策略。至此，证明已完成。

3.3　价　值　迭　代

如果按照图 3.2 中第三次迭代得到的价值函数采用贪婪选择策略，该策略和最终的最优价值函数对应的贪婪选择策略是一样的，它们都对应于最优策略，如图 3.5 所示，而通过基于均匀随机策略的迭代法价值评估要经过数十次迭代才算收敛。这会引出一个问题：是否可以提前设置一个迭代终点来减少迭代次数而不影响得到最优策略呢？是否可以每迭代一次就进行一

次策略评估呢？在回答这些问题之前，我们先从另一个角度剖析一下最优策略的意义。

任何一个最优策略都可以分为两个阶段：首先，该策略要能产生当前状态下的最优行为；其次，对于最优行为到达后续状态时该策略仍然是一个最优策略。可以反过来理解这句话：如果一个策略不能在当前状态下产生一个最优行为，或者这个策略在针对当前状态的后续状态时不能产生一个最优行为，那么这个策略就不是最优策略。与价值函数对应起来，可以这样描述最优化原则：一个策略能够获得某状态 s 的最优价值，当且仅当该策略同时获得状态 s 所有可能的后续状态 s' 的最优价值。

0.0	-14	-20	-22
-14	-18	-20	-20
-20	-20	-18	-14
-22	-20	-14	0.0

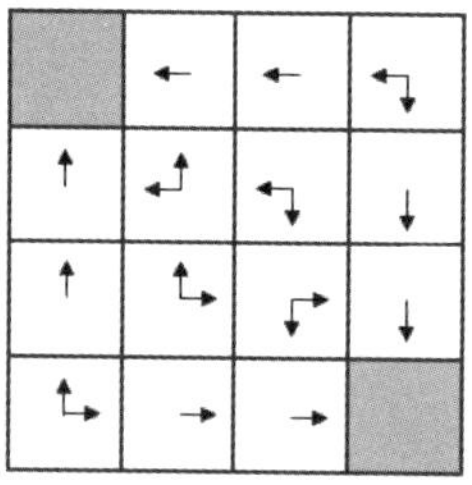

图 3.5　小型格子世界 $k = \infty$ 时的贪婪策略

状态价值的最优化原则告诉我们，一个状态的最优价值可以由其后续状态的最优价值通过前一章所述的贝尔曼最优方程来计算：

$$v_*\left(s\right) = \max_{a \in A}\left(R_s^a + \gamma \sum_{s' \in S} \boldsymbol{P}_{ss'}^a v_*\left(s'\right) \right)$$

这个公式带给我们的直觉是，如果我们能知道最终状态的价值和相关奖励，可以直接计算得到最终状态的前一个所有可能状态的最优价值。更乐观的是，即使不知道最终状态是哪一个，也可以利用上述公式进行纯粹的价值迭代，不停地更新状态价值，最终得到最优价值，而且这种单纯价值迭代的方法甚至适用于存在循环的状态转换、一些随机发生的状态转换。下面我们以一个更简单的格子世界来解释什么是单纯的价值迭代。

图 3.6（V_0）所示是一个在 4×4 格子世界中寻找最短路径的问题。与本章前述的格子世界问题唯一的不同之处在于，该世界只在左上角有一个最终状态，个体在世界中需尽可能用最少步数到达左上角的最终状态。

首先考虑个体知道环境的动力学特征的情况。在这种情况下，个体可以直接计算得到与终止状态直接相邻（斜向不算）的左上角两个状态的最优价值均为-1。随后个体又可以往右下角延伸计算，得到与之前最优价值为-1的两个状态相邻的 3 个状态的最优价值为-2。以此类推，每一次迭代，个体将从左上角朝着右下角方向依次直接计算，得到一排斜向格子的最优价值，直至完成最右下角的一个格子的最优价值的计算。

接着考虑个体不知道环境动力学特征的更广泛适用的情况。在这种情况下，个体并不知道终止状态的位置，但是它依然能够直接进行价值迭代。与之前情况不同的是，此时的个体要针对所有状态进行价值更新。为此，个体先随机地初始化所有状态价值（V_1），示例中为了演示简便，全部初始化为0。在随后的一次迭代过程中，对于任何非终止状态，因为执行任何一个行为都将得到一个-1 的奖励，而所有状态的价值都为 0，所以所有的非终止状态的价值经过计算后都为-1（V_2）。在下一次迭代中，除了与终止状态相邻的两个状态外，其余状态的价值都将因采取一个行为获得-1 的奖励，以及在前次迭代中得到的后续状态价值均为-1 而将自身的价值更新为-2；与终止状态相邻的两个状态，在更新价值时需将终止状态的价值 0 作为最高价值代入计算，因而这两个状态更新的价值仍然为-1（V_3）。以此类推，直到最右下角的状态更新为-6（V_7）后，再次迭代各状态的价值时它们将不会发生变化，完成整个价值迭代的过程。

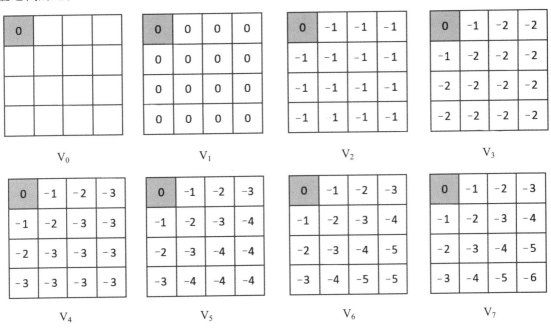

图 3.6　小型格子世界的最短路径问题

上述两种情况的相同点都是根据后续状态的价值，利用贝尔曼最优方程来更新得到前面状态的价值。两者的差别体现在：前者每次迭代仅计算相关状态的价值，而且一次计算即得到最优状态价值；后者在每次迭代时要更新所有状态的价值。

可以看出，价值迭代的目标仍然是寻找到一个最优策略，它通过贝尔曼最优方程从前次迭代的价值函数中计算得到当次迭代的价值函数。在这个反复迭代的过程中，并没有一个明确的策略参与，由于使用贝尔曼最优方程进行价值迭代时贪婪地选择了最优行为对应的后续状态的价值，因而价值迭代其实等效于策略迭代中每迭代一次，价值函数就更新一次策略的过程。需要注意的是，在纯粹的价值迭代寻找最优策略的过程中，迭代过程中产生的状态价值函数不一定对应一个策略。迭代过程中价值函数更新的公式为：

$$v_{k+1}(s) = \max_{a \in A} \left(R_s^a + \gamma \sum_{s' \in S} \boldsymbol{P}_{ss'}^a v_k(s') \right) \qquad (3.3)$$

在上述公式和图示中，k 表示迭代次数。

至此，关于使用同步动态规划进行规划的内容基本讲解完毕。其中，迭代法策略评估属于预测问题，使用贝尔曼期望方程来进行求解。策略迭代和价值迭代属于控制问题：策略迭代使用贝尔曼期望方程进行一定次数的价值迭代更新，随后在产生的价值函数基础上采取贪婪选择的策略改善方法形成新的策略，如此交替迭代，不断地优化策略；价值迭代不依赖任何策略，使用贝尔曼最优方程直接对价值函数进行迭代更新。前文所述的这 3 类算法均是基于状态价值函数的，每一次迭代的时间复杂度为 $O(mn^2)$，其中 m 和 n 分别为行为和状态空间的大小。读者也可以设计基于行为价值函数的上述算法，这种情况下每一次迭代的时间复杂度将变成 $O(m^2n^2)$，本文不再详述。

3.4 异步动态规划算法

前文所述的系列算法均为同步动态规划算法，表示所有的状态更新是同步的。与之对应的还有异步动态规划算法。在这些算法中，每一次迭代并不对所有状态的价值进行更新，而是依据一定的原则有选择性地更新部分状态的价值。这种算法能显著节约计算资源，并且只要所有状态能够持续地被访问而更新，就能确保算法收敛至最优解。比较常用的异步动态规划思想有原位动态规划、优先级动态规划和实时动态规划等。下文将简要叙述各类异步动态规划算法的特点。

- **原位动态规划（In-place Dynamic Programming）**：与同步动态规划算法通常对状态价值保留一个额外备份不同，原位动态规划直接利用当前状态的后续状态价值来更新当前状态的价值。

- **优先级动态规划（Prioritised Sweeping）**：该算法对每一个状态进行优先级分级，优先级越高，状态价值越会优先得到更新。通常使用贝尔曼误差（新状态价值与前次计算得到的状态价值差的绝对值）来评估状态的优先级。直观地说，如果一个状态价值在更新时变化特别大，那么该状态下次将得到较高的优先级再次更新。这种算法可以通过维护一个优先级队列来较轻松地实现。

- **实时动态规划（Real-time Dynamic Programming）**：实时动态规划直接使用个体与环境交互产生的实际经历来更新状态价值，对于那些个体实际经历过的状态进行价值更新。这样个体经常访问过的状态将得到较高频次的价值更新，而与个体关系不密切、个体较少访问到的状态价值得到更新的机会较少。

动态规划算法使用**全宽度**（Full-Width）的回溯机制来进行状态价值的更新，也就是说，无论是同步还是异步动态规划，在每一次回溯更新某个状态的价值时都要追溯到该状态所有可能的后续状态，并结合已知的马尔可夫决策过程所定义的状态转换矩阵和奖励来更新该状态的价值。这种全宽度的价值更新方式对于状态数在百万级别及以下的中等规模的马尔可夫决策问题还是比较有效的，但是当问题规模继续变大时，动态规划算法将会因贝尔曼维度灾难而无法使用，每一次的状态回溯更新都要消耗非常昂贵的计算资源。为此，需要寻找其他有效的算法，这就是后文将要介绍的采样回溯。这类算法的一大特点是不需要知道马尔可夫决策过程的定义，也就是不需要了解状态转移概率矩阵以及奖励函数，而是使用采样产生的奖励和状态转移概率。这类算法通过采样避免了维度灾难，其回溯的计算时间消耗是常数级的。由于这类算法具有非常可观的优势，因此在解决大规模实际问题时得到了广泛的应用。

3.5　编程实践：动态规划求解小型格子世界最优策略

在本章的编程实践中，我们将结合 4×4 小型格子世界环境使用动态规划算法进行策略评估、策略迭代和价值迭代。本节将引导读者进一步熟悉马尔可夫决策过程的建模，熟悉动态规划算法的思想，巩固对贝尔曼期望方程、贝尔曼最优方程的认识，加深对均匀随机策略、贪婪策略的理解。本节使用的代码与上一节有许多相似的地方，但是也有不少细微的差别。这些差别代表着我们逐渐从单纯的马尔可夫过程的建模转向强化学习的建模和实践中。

3.5.1　小型格子世界 MDP 建模

我们先对 4×4 小型格子世界的 MDP 进行建模。4×4 格子世界环境简单、环境动力学明确，我们将不使用字典来保存状态价值、状态转移概率、奖励、策略等。我们使用列表来描述状态空间和行为空间，编写一个反映环境动力学特征的方法（接受当前状态和行为作为参数）来确定后续状态和奖励值。状态转移概率和奖励将使用函数（方法）的形式来表达。代码如下：

```python
S = [i for i in range(16)]      # 状态空间
A = ["n", "e", "s", "w"]        # 行为空间
# P,R 将由 dynamics 动态生成
ds_actions = {"n": -4, "e": 1, "s": 4, "w": -1} # 行为对状态的改变
def dynamics(s, a):             # 环境动力学
    '''模拟小型格子世界的环境动力学特征
    Args:
        s 当前状态 int 0 - 15
        a 行为 str in ['n','e','s','w'] 分别表示北、东、南、西
    Returns: tuple (s_prime, reward, is_end)
        s_prime 后续状态
    '''
    s_prime = s
    if (s%4==0 and a=="w") or (s<4 and a=="n") \
        or ((s+1)%4==0 and a=="e") or (s>11 and a=="s")\
        or s in [0, 15]:
        pass
    else:
        ds = ds_actions[a]
        s_prime = s + ds
    reward = 0 if s in [0, 15] else -1
    is_end = True if s in [0, 15] else False
    return s_prime, reward, is_end
def P(s, a, s1):                    # 状态转移概率函数
    s_prime, _, _ = dynamics(s, a)
```

```
        return s1 == s_prime
def R(s, a):                    # 奖励函数
    _, r,_ = dynamics(s, a)
    return r

gamma = 1.00
MDP = S, A, R, P, gamma
```

最后建立的 MDP 同第 2 章一样是一个拥有 5 个元素的元组，只不过 R 和 P 都变成了函数而不是字典了。同样变成函数的还有策略。下面的代码建立均匀随机策略和贪婪策略，并给出调用这两个策略的统一接口。生成一个策略所需要的参数并不统一，比如均匀随机策略多数只需要知道行为空间即可、贪婪策略则需要知道状态的价值。为了方便程序使用相同的代码调用不同的策略，我们对参数进行统一。

```
def uniform_random_pi(MDP = None, V = None, s = None, a = None):
    _, A, _, _, _ = MDP
    n = len(A)
    return 0 if n == 0 else 1.0/n

def greedy_pi(MDP, V, s, a):      # 贪婪策略
    S, A, P, R, gamma = MDP
    max_v, a_max_v = -float('inf'), []
    for a_opt in A: # 统计后续状态的最大价值以及到达该状态的行为（可能不止一个）
        s_prime, reward, _ = dynamics(s, a_opt)
        v_s_prime = get_value(V, s_prime)
        if v_s_prime > max_v:
            max_v = v_s_prime
            a_max_v = [a_opt]
        elif(v_s_prime == max_v):
            a_max_v.append(a_opt)
    n = len(a_max_v)
    if n == 0: return 0.0
    return 1.0/n if a in a_max_v else 0.0

def get_pi(Pi, s, a, MDP = None, V = None):
    return Pi(MDP, V, s, a)
```

在编写贪婪策略时，我们考虑到多个状态具有相同最大值的情况，此时贪婪策略将从多个具有相同最大值的行为中随机选择一个。为了能使用第 2 章编写的一些方法，我们重写一下需要用到的获取状态转移概率、奖励以及显示状态价值等辅助方法：

```
# 辅助函数
def get_prob(P, s, a, s1): # 获取状态转移概率
    return P(s, a, s1)

def get_reward(R, s, a):      # 获取奖励值
```

```
    return R(s, a)
def set_value(V, s, v):          # 设置价值字典
    V[s] = v

def get_value(V, s):             # 获取状态价值
    return V[s]

def display_V(V):                # 显示状态价值
    for i in range(16):
        print('{0:>6.2f}'.format(V[i]),end=" ")
        if (i+1) % 4 == 0:
            print("")
    print()
```

有了这些基础，接下来就可以很轻松地完成迭代法策略评估、策略迭代和价值迭代。在第 2 章的实践环节，我们实现了完成这 3 个功能的方法，这里只要做少量针对性的修改即可。由于策略 Pi 现在不是查表式获取而是使用函数来定义的，因此我们需要做相应的修改，修改后的完整代码如下：

```
def compute_q(MDP, V, s, a):
    '''根据给定的 MDP、价值函数 V 来计算状态行为对 "s,a" 的价值 qsa
    '''
    S, A, R, P, gamma = MDP
    q_sa = 0
    for s_prime in S:
        q_sa += get_prob(P, s, a, s_prime) * get_value(V, s_prime)
        q_sa = get_reward(R, s,a) + gamma * q_sa
    return q_sa

def compute_v(MDP, V, Pi, s):
    '''给定 MDP 下依据某一策略 Pi 和当前状态价值函数 V 来计算某状态 s 的价值
    '''
    S, A, R, P, gamma = MDP
    v_s = 0
    for a in A:
        v_s += get_pi(Pi, s, a, MDP, V)*compute_q(MDP, V, s, a)
    return v_s
def update_V(MDP, V, Pi):
    '''给定一个 MDP 和一个策略，更新该策略下的价值函数 V
    '''
    S, _, _, _, _ = MDP
    V_prime = V.copy()
    for s in S:
        set_value(V_prime, s, compute_v(MDP, V_prime, Pi, s))
    return V_prime
```

```python
def policy_evaluate(MDP, V, Pi, n):
    '''使用 n 次迭代计算来评估一个 MDP 在给定策略 Pi 下的状态价值，初始时价值为 V
    '''
    for i in range(n):
        V = update_V(MDP, V, Pi)
    return V

def policy_iterate(MDP, V, Pi, n, m):
    for i in range(m):
        V = policy_evaluate(MDP, V, Pi, n)
        Pi = greedy_pi    # 第一次迭代产生新的价值函数后随机使用贪婪策略
    return V

# 价值迭代得到最优状态价值过程
def compute_v_from_max_q(MDP, V, s):
    '''根据一个状态下所有可能的行为价值中最大的一个来确定当前状态价值
    '''
    S, A, R, P, gamma = MDP
    v_s = -float('inf')
    for a in A:
        qsa = compute_q(MDP, V, s, a)
        if qsa >= v_s:
            v_s = qsa
        return v_s

def update_V_without_pi(MDP, V):
    '''在不依赖策略的情况下直接通过后续状态的价值来更新状态价值
    '''
    S, _, _, _, _ = MDP
    V_prime = V.copy()
    for s in S:
        set_value(V_prime, s, compute_v_from_max_q(MDP, V_prime, s))
    return V_prime

def value_iterate(MDP, V, n):
    '''价值迭代
    '''
    for i in range(n):
        V = update_V_without_pi(MDP, V)
    return V
```

3.5.2 策略评估

接下来可以调用 3.5.1 小节中的方法进行策略评估、策略迭代和价值迭代。本小节先来评估一下均匀随机策略和贪婪策略下 16 个状态的最终价值：

```
V = [0 for _ in range(16)] # 状态价值
V_pi = policy_evaluate(MDP, V, uniform_random_pi, 100)
display_V(V_pi)

V = [0 for _ in range(16)] # 状态价值
V_pi = policy_evaluate(MDP, V, greedy_pi, 100)
display_V(V_pi)
# 将输出结果:
#   0.00 -14.00 -20.00 -22.00
# -14.00 -18.00 -20.00 -20.00
# -20.00 -20.00 -18.00 -14.00
# -22.00 -20.00 -14.00   0.00
#   0.00 -1.00 -2.00 -3.00
# -1.00 -2.00 -3.00 -2.00
# -2.00 -3.00 -2.00 -1.00
# -3.00 -2.00 -1.00  0.00
```

可以看出，均匀随机策略下得到的结果与图 3.5 显示的结果相同；在使用贪婪策略时，各状态的最终价值与均匀随机策略下的最终价值不同。这体现了状态的价值是基于特定策略的。

3.5.3　策略迭代

编写如下代码进行贪婪策略迭代，每迭代一次改善一次策略，共进行 100 次策略改善：

```
V = [0 for _ in range(16)] # 重置状态价值
V_pi = policy_iterate(MDP, V, greedy_pi, 1, 100)
display_V(V_pi)
# 将输出结果:
#   0.00 -1.00 -2.00 -3.00
# -1.00 -2.00 -3.00 -2.00
# -2.00 -3.00 -2.00 -1.00
# -3.00 -2.00 -1.00  0.00
```

3.5.4　价值迭代

下面的代码展示单纯使用价值迭代的状态价值。我们把迭代次数设为 4 次，可以发现仅 4 次迭代后状态价值就和最优状态价值一致了：

```
V_star = value_iterate(MDP, V, 4) display_V(V_star)
# 将输出结果:
#   0.00 -1.00 -2.00 -3.00
# -1.00 -2.00 -3.00 -2.00
# -2.00 -3.00 -2.00 -1.00
# -3.00 -2.00 -1.00  0.00
```

我们还可以编写如下代码来观察最优状态下对应的最优策略：

```python
def greedy_policy(MDP, V, s):
    S, A, P, R, gamma = MDP
    max_v, a_max_v = -float('inf'), []
    for a_opt in A:  # 统计后续状态的最大价值以及到达该状态的行为（可能不止一个）
        s_prime, reward, _ = dynamics(s, a_opt)
        v_s_prime = get_value(V, s_prime)
        if v_s_prime > max_v:
            max_v = v_s_prime
            a_max_v = a_opt
        elif(v_s_prime == max_v):
            a_max_v += a_opt
    return str(a_max_v)

def display_policy(policy, MDP, V):
    S, A, P, R, gamma = MDP
    for i in range(16):
        print('{0:^6}'.format(policy(MDP, V, S[i])), end=" ")
    if (i+1) % 4 == 0:
        print("")
    print()

display_policy(greedy_policy, MDP, V_star)
# 将输出结果：
# nesw  w    w    sw
# n nw  nesw      s
# n nesw     es   s
# ne    e    e    nesw
```

上面分别用 n、e、s、w 表示北、东、南、西 4 个行为。这与图 3.5 显示的结果是一致的。也可以通过修改不同的参数或在迭代过程中输出价值和策略来观察价值函数和策略函数的迭代过程。

第 4 章 不基于模型的预测

前一章讲解了如何应用动态规划算法对一个已知状态转移概率的 MDP 进行策略评估，或通过策略迭代或者直接的价值迭代来寻找最优策略和最优价值函数，同时也指出了动态规划算法的一些缺点。从本章开始的连续两章内容将讲解个体在不了解环境动力学规则的条件下，直接通过与环境的实际交互来评估一个策略的好坏，或者寻找最优价值函数和最优策略。本章内容的重点是策略评估，也就是预测问题；下一章的重点是利用本章的概念和原理来解决控制问题，即找出最优策略以及最优价值函数。

本章分为 3 个部分，将分别从理论上阐述基于完整采样的蒙特卡罗强化学习、基于不完整采样的时序差分强化学习以及介于两者之间的 n 步时序差分学习。这部分内容比较抽象，在讲解理论的同时会通过一些精彩的实例来加深对概念和算法的理解。

4.1 蒙特卡罗强化学习

蒙特卡罗强化学习（Monte-Carlo Reinforcement Learning，简称 MC 强化学习）：个体在不清楚 MDP 状态转移概率的情况下，直接从所经历过的完整状态序列（Episode）来估计状态的真实价值，并认为某状态的价值等于在多个状态序列中状态所有收获值的平均值。除非例外说明，本文出现的"MC 学习"均指的是"MC 强化学习"。

完整的状态序列（Complete Episode）：从某一个状态开始，个体与环境交互，直到环境给出终止状态的奖励为止。完整的状态序列不要求起始状态一定是某一个特定的状态，但是要求个体最终要进入环境认可的某一个终止状态。

蒙特卡罗强化学习有如下特点：不依赖状态转移概率，直接从所经历过的完整状态序列中学习，就是用平均收获值代替价值。理论上完整的状态序列越多，结果越准确。

我们可以使用蒙特卡罗强化学习来评估一个给定的策略。基于特定策略 π 的一个状态序列（Episode）信息可以表示为如下一个序列：

$$S_1, A_1, R_2, S_2, A_2, \cdots, S_t, A_t, R_{t+1}, \cdots, S_k \sim \pi$$

t 时刻状态 S_t 的收获可以表述为：

$$G_t = R_{t+1} + \gamma R_{t+2} + \ldots + \gamma^{T-1} R_T$$

其中，T 为终止时刻。该策略下某一状态 s 的价值为：

$$v_\pi(s) = \mathbb{E}_\pi[G_t \mid S_t = s]$$

不难发现，在运用蒙特卡罗算法评估策略时，要针对多个包含同一状态的完整状态序列求得收获值，继而取收获值的平均值。如果一个完整的状态序列中某一需要计算的状态出现在序列的多个位置，也就是说个体在与环境交互的过程中从某个状态出发后又一次或多次返回到该状态（这种现象在第2章讲解"收获的计算"中曾介绍过：一名学生从上"第一节课"开始因"浏览手机"以及在"第三节课"选择"泡吧"后多次重新回到"第一节课"），那么根据收获的定义，在一个状态序列下不同时刻的同一状态计算得到的收获值是不一样的。很明显，在蒙特卡罗强化学习算法中，计算收获时也会碰到这种情况。我们可以采取如下的两种办法之一来应对这种情况：一种是仅把状态序列中第一次出现该状态时的收获值纳入收获平均值的计算中；另一种是针对一个状态序列中每次出现该状态时都计算对应的收获值并纳入收获平均值的计算中。两种方法对应的蒙特卡罗评估分别称为首次访问（First Visit）和每次访问（Every Visit）蒙特卡罗评估。

在求解状态收获的平均值的过程中，我们介绍一种非常实用且不需要存储所有历史收获值的计算方法：累进更新平均值（Incremental Mean）。这种计算平均值的思想也是强化学习的核心思想之一，具体公式如下：

$$\mu_k = \frac{1}{k}\sum_{j=1}^{k} x_j$$
$$= \frac{1}{k}\left(x_k + \sum_{j=1}^{k-1} x_j\right)$$
$$= \frac{1}{k}\left(x_k + (k-1)\mu_{k-1}\right)$$
$$= \mu_{k-1} + \frac{1}{k}\left(x_k - \mu_{k-1}\right)$$

累进更新平均值利用前一次的平均值和当前数据以及数据总个数来计算新的平均值：每产生一个需要计算平均值的新数据 x_k 时，先计算 x_k 与先前平均值 μ_{k-1} 的差，再将这个差值乘以系数 $1/k$ 后作为误差来对旧平均值进行修正。如果把该式中平均值和新数据分别看成状态的价值和该状态的收获值，那么该公式就变成递增式的蒙特卡罗法更新状态价值。其公式如下：

$$N(S_t) \leftarrow N(S_t) + 1$$

$$V(S_t) \leftarrow V(S_t) + \frac{1}{N(S_t)}\left(G_t - V(S_t)\right) \tag{4.1}$$

在实时或者无法统计准确状态被访问的次数时，可以用一个系数 α 来代替状态计数的倒数，此时公式变为：

$$V(S_t) \leftarrow V(S_t) + \alpha\left(G_t - V(S_t)\right) \tag{4.2}$$

以上就是蒙特卡罗学习方法的主要思想和说明，下文将介绍另一种强化学习方法：时序差分强化学习。

4.2　时序差分强化学习

时序差分强化学习（Temporal-Difference Reinforcement Learning，简称 TD 学习）：个体从采样得到的**不完整**的状态序列进行强化学习。该方法通过合理的自举法（Bootstrapping，或称为引导法），先估计某状态在该状态序列完成后可能得到的收获，并在此基础上利用前文所述的累进更新平均值的方法得到该状态的价值，再通过不断的采样来持续更新这个价值。除非例外说明，本文出现的"TD 学习"指的均是"TD 强化学习"。

具体地说，在 TD 学习中，算法在估算某一个状态的收获时用离开该状态的即刻奖励 R_{t+1} 与下一时刻状态 S_{t+1} 的预估状态价值乘以衰减系数 γ，公式如下：

$$V(S_t) \leftarrow V(S_t) + \alpha \left(R_{t+1} + \gamma V(S_{t+1}) - V(S_t) \right) \tag{4.3}$$

其中，$R_{t+1} + \gamma V(S_{t+1})$ 称为 **TD 目标值**，$R_{t+1} + \gamma V(S_{t+1}) - V(S_t)$ 称为 **TD 误差**。

自举法（Bootstrapping）：用 TD 目标值代替收获 G_t 的过程。

不管是 MC 学习还是 TD 学习，都不再需要知道某一状态所有可能的后续状态以及对应的状态转移概率，因此也不再像动态规划算法那样需要通过进行全宽度的回溯来更新状态的价值。MC 学习和 TD 学习使用的都是通过个体与环境进行实际交互所生成的一系列状态序列来更新状态的价值。这在解决大规模问题或者不清楚环境规则（动力学特征）的问题时十分有效。不过 MC 学习和 TD 学习也有着很明显的差别。下文将通过一个例子来详细阐述这两种学习方法的特点。

想象一下个体如何预测下班后开车回家整个行程所花费的时间。假设在回家的路上个体会依次经过一段高速公路、普通公路和自家附近街区共 3 段路程，会经历在下班的路上可能发生的各种情况，例如是否下雨、高速路况的实时变化、普通公路是否堵车等。这些在 3 段路程上可能经历的各种情况与个体共同形成了个体的状态。当个体处于每一种状态下时，它对还需要多久才能到家有一个经验性的估计。表 4.1 的"既往经验预计 MC（仍需耗时）"列给出了这个经验估计，基本反映了各个状态对应的价值。通常个体对下班回家总耗时的预估是 30 分钟。

表4.1　驾车返家数据（单位：分钟）

状态	已耗时	既往经验预计 MC		更新（$\alpha=1$）		TD 更新（$\alpha=1$）	
		仍需耗时	总耗时	仍需耗时	总耗时	仍需耗时	总耗时
离开办公室	0	30	30	43	43	40	40
取车时下雨	5	35	40	38	43	30	35
驶离高速	20	15	35	23	43	20	40
跟在卡车后	30	10	40	13	43	13	43
家附近街区	40	3	43	3	43	3	43
返回家中	43	0	43	0	43	0	43

假设现在个体下班且准备回家，当他花费了 5 分钟从办公室走到车旁时发现下雨了，此时根据既往经验，估计还需要 35 分钟才能到家，因此整个行程将预估耗时 40 分钟。随后进入高速公路，路况非常好，一共仅用 20 分钟就离开了高速公路，此时他根据经验预估通常再需要 15 分钟就能到家，加上已经过去的 20 分钟，他将这次返家预计总耗时修正为 35 分钟，比先前估计的少了 5 分钟。但是当他进入普通公路时发现交通流量较大，不得不跟在一辆卡车后面龟速行驶。这个时候距离从办公室出发已经过去了 30 分钟，根据以往的经验，他估计还需要 10 分钟才能到家，那么现在对回家总耗时的预估又回到了 40 分钟。最后在出发 40 分钟后到达家附近的街区，根据经验，他预估还需要 3 分钟就能到家。此后没有再出现新的情况，最终他在出发 43 分钟后到达家中。经过这一次完整的下班回家经历，他对处在途中各种状态下仍需耗时多久返家（对应于各状态的价值）有了新的估计，但是分别使用 MC 学习算法和 TD 学习算法得到的对于各状态的价值（即仍需耗时多久返家）的更新结果和更新时机是不一样的。

如果使用 MC 学习算法，那么在整个驾车返家的过程中，对于所处的每一个状态（例如"取车时下雨""离开高速公路""被迫跟在卡车后""进入街区"等），都不会立即更新对应的返家仍需耗时的估计，仍然分别是先前的 35 分钟、15 分钟、10 分钟和 3 分钟。只有当他到家发现整个行程耗时 43 分钟后，通过用实际总耗时减去到达某状态时的已耗时，就可以计算出在本次返家过程中实际到达各状态时仍需时间分别为：38 分钟、23 分钟、13 分钟和 3 分钟。如果选择修正系数为 1，那么这些新的耗时将成为今后在各状态时预估返家仍需的耗时，相应的整个行程的预估耗时被更新为 43 分钟。

如果使用 TD 学习算法，则是另外一回事。当个体取车发现下雨时，根据经验会认为还需要 35 分钟才能返家，此时他将立刻更新返家总耗时的估计（仍需的预估 35 分钟加上离开办公室到取车现场花费的 5 分钟，即 40 分钟）。同理，当驶离高速公路时，根据经验对到家还需时间的预计为 15 分钟，但由于之前在高速公路上较为顺利，节省了不少时间，在第 20 分钟时已经驶离高速，实际从取车到驶离高速只花费了 15 分钟，则此时立即更新从取车时下雨到到家所需的时间为 30 分钟，而整个回家所需时间更新为 35 分钟。驶离高速后在普通公路上又行驶了 10 分钟被堵，预计还需 10 分钟才能返家时，对于刚才驶离高速公路返家仍需耗时又做了更新，将不再是根据既往经验预估的 15 分钟，而是现在的 20 分钟，加上从出发到驶离高速已花费的 20 分钟，整个行程耗时预估被更新为 40 分钟。直到花费了 40 分钟只到达家附近的街区预计还有 3 分钟才能到家时，更新在普通公路上对于返家仍需耗时的预计为 13 分钟。最终按预计 3 分钟后进入家门，不再更新剩下的仍需耗时。

通过比较可以看出，MC 学习算法仅在整个行程结束后才更新各个状态的仍需耗时，而 TD 学习算法每经过一个状态就会根据在这个状态与前一个状态之间实际所花时间来更新前一个状态的仍需耗时。图 4.1 用折线图直观地显示了分别使用 MC 学习和 TD 学习算法时预测的驾车回家总耗时的区别。需要注意的是，在这个例子中，与各状态价值相对应的指标并不是图中显示的驾车返家总耗时，而是处于某个状态时驾车返家的仍需耗时。

TD 学习比 MC 学习能更快速、灵活地更新对状态的价值估计，这在某些情况下具有非常重要的实际意义。回到驾车返家这个例子中，假如我们给驾车返家制定一个新的目标：不再以耗时多少来评估状态价值，而是要求安全平稳地返回家中。考虑如下的一次驾车回家的路上突然碰到的险情：对面开过来一辆车，感觉要迎面相撞，严重的话甚至会威胁生命，不过双方驾驶员都采取了紧急措施没有让险情实际发生，最后平安到家。如果使用蒙特卡罗学习，路上发生的这一险情可能引发的极大负值奖励将不会被考虑，不会更新在碰到此类险情时状态的价值；而在使用 TD 学习时，碰到这样的险情会立即大幅调低这个状态的价值，并在今后再次碰到类似情况时采取其他行为，例如降低速度等来让自身处在一个价值较高的状态中，尽可能避免意外事件的发生。

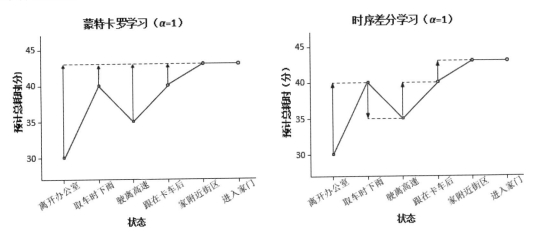

图 4.1　MC 学习和 TD 学习在驾车返家示例中的比较

通过驾车返家这个例子，我们应该能够认识到：TD 学习在知道结果之前就可以学习，也可以在没有结果时学习，还可以在持续进行的环境中学习，而 MC 学习要等到最后结果才能学习。TD 学习在更新状态价值时使用的是 TD 目标值，即基于即时奖励和下一状态的预估价值来替代当前状态在状态序列结束时可能得到的收获，它是当前状态价值的有偏估计，而 MC 学习使用实际的收获来更新状态价值，是某一策略下状态价值的无偏估计。TD 学习存在偏倚（Bias）的原因在于其更新价值时使用的也是后续状态预估的价值，如果能使用后续状态基于某策略的真实 TD 目标值（True TD Target）来更新当前状态价值，那么此时的 TD 学习得到的价值也是实际价值的无偏估计。虽然绝大多数情况下 TD 学习得到的价值是有偏估计的，但是其方差（Variance）却较 MC 学习得到的方差要低，且对初始值敏感，通常比 MC 学习更加高效，这也主要得益于 TD 学习价值更新灵活，对初始状态价值的依赖较大。我们将继续通过一个示例来剖析 TD 学习和 MC 学习的特点。

假设在一个强化学习问题中有 A 和 B 两个状态，模型未知，不涉及策略和行为，仅涉及状态转移和即时奖励，衰减系数为 1。现有如表 4.2 所示的 8 个完整状态序列的经历，其中除了第一个状态序列发生了状态转移外，其余 7 个完整的状态序列均只有一个状态。根据现有信息计算状态 A、B 的价值分别是多少？

表 4.2　A、B 状态转移经历

序　号	状态转移及即时奖励
1	$A:0$　$B:0$
2	$B:1$
3	$B:1$

（续表）

序　　号	状态转移及即时奖励
4	$B:1$
5	$B:1$
6	$B:1$
7	$B:1$
8	$B:0$

下面分别使用 MC 学习算法和 TD 学习算法来计算状态 A、B 的价值。

先考虑 MC 算法，在 8 个完整的状态序列中，只有第一个序列中包含状态 A，因此 A 价值仅能通过第一个序列来计算，也就等同于计算该序列中状态 A 的收获值：

$$V(A) = G(A) = R_A + \gamma R_B = 0$$

状态 B 的价值需要通过状态 B 在 8 个序列中的收获值来平均，其结果是 6/8。因此在使用 MC 学习算法时，状态 A、B 的价值分别为 0 和 6/8。

考虑应用 TD 学习算法。TD 学习算法在计算状态序列中某状态价值时是应用其后续状态的预估价值来计算的，在 8 个状态序列中，状态 B 总是出现在终止状态中，因而直接使用终止状态时获得的奖励来计算价值，再针对状态序列数计算平均，这样得到的状态 B 的价值依然是 6/8。状态 A 只存在于第一个状态序列中，直接使用包含状态 B 价值的 TD 目标值来得到状态 A 的价值，由于状态 A 的即时奖励为 0，因此计算得到的状态 A 的价值与 B 的价值相同，即为 6/8。

TD 学习算法在计算状态价值时利用了状态序列中前后状态之间的关系，由于已知信息仅有 8 个完整的状态序列，而且状态 A 的后续状态 100% 是状态 B，而状态 B 始终作为终止状态，有 1/4 的概率获得奖励 0、3/4 的概率获得奖励 1。符合这样状态转移概率的 MDP 如图 4.2 所示。可以看出，TD 学习算法试图构建一个 MDP $<S, A, \hat{P}, \hat{R}, \gamma>$ 并使得这个 MDP 尽可能符合已经产生的状态序列，也就是说 TD 学习算法将根据已有经验估计状态间的转移概率：

$$\hat{P}_{s,s'}^{a} = \frac{1}{N(s,a)} \sum_{k=1}^{K} \sum_{t=1}^{T_k} 1\left(S_t^k, a_t^k, s_{t+1}^k = s, a, s'\right)$$

同时估计某一状态的即时奖励：

$$\hat{R}_s^a = \frac{1}{N(s,a)} \sum_{k=1}^{K} \sum_{t=1}^{T_k} 1\left(s_t^k, a_t^k = s, a\right) r_t^k$$

最后计算该 MDP 的状态函数，如图 4.2 所示。

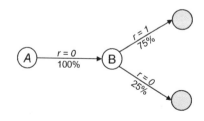

图 4.2　TD 算法构建的 MDP

MC 学习算法直接依靠完整状态序列的奖励得到的各状态对应的收获值来计算状态价值，因而这种算法是以最小化收获值与状态价值之间均方差为目标的：

$$\sum_{k=1}^{K}\sum_{t=1}^{T_k}\left(G_t^k - V\left(s_t^k\right)\right)^2$$

通过上面的示例，我们能体会到 TD 学习算法与 MC 学习算法之间的另一个差别：TD 算法使用了 MDP 问题的马尔可夫性质，在具有马尔可夫性质的环境下更有效；但是 MC 学习算法并不利用马尔可夫性质，适用范围不限于具有马尔可夫性质的环境。

本章阐述的蒙特卡罗（MC）学习算法、时序差分（TD）学习算法和上一章讲述的动态规划（DP）算法都可以用来计算状态价值。它们的特点也是十分鲜明的，前两种是在不依赖模型情况下的常用方法，其中 MC 学习需要完整的状态序列来更新状态价值、TD 学习不需要完整的状态序列；DP 学习是以模型为依据来计算状态价值的方法，通过计算一个状态 S 所有可能的转移状态 S′及其转移概率以及对应的即时奖励来计算这个状态 S 的价值。

在是否使用自举的数据上，MC 学习并不使用自举的数据，而是使用实际产生的奖励值来计算状态价值；TD 和 DP 用后续状态的预估价值作为自举的数据来计算当前状态的价值。

在是否采样上，MC 和 TD 不依赖模型，都是使用个体与环境实际交互产生的采样状态序列来计算状态价值，而 DP 依赖状态转移概率矩阵和奖励函数，考虑以某一个状态的所有可能后续状态这种全宽度的方式来计算状态价值。可以近似地认为 DP 学习是全宽度的采样，但由于是依赖概率转移矩阵来直接计算的，因此并不需要发生真实的采样。

图 4.3、图 4.4 和图 4.5 非常直观地展现了 3 种学习算法的区别。

- **MC 学习算法**：深度采样学习。一次学习经历完整的状态序列，使用实际收获值更新状态预估价值，如图 4.3 所示。

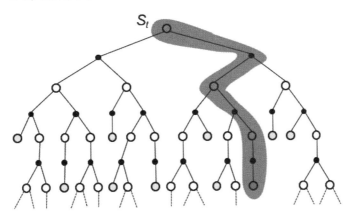

图 4.3　MC 学习深度采样回溯

- **TD 学习算法**：浅层采样学习。一次学习可以经历不完整的状态序列，使用后续状态的预估状态价值来预估收获值，再更新当前状态价值，如图 4.4 所示。

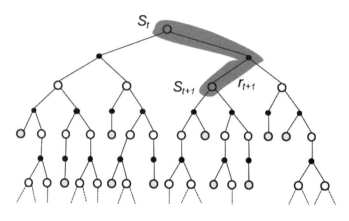

图 4.4 TD 学习浅层采样回溯

- **DP 学习算法**：浅层全宽度学习。依据模型，全宽度地使用后续状态预估价值来更新当前状态价值，如图 4.5 所示。

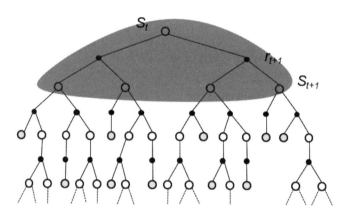

图 4.5 DP 学习浅层全宽度（采样）回溯

综合上述 3 种学习方法的特点，可以小结如下：使用单个采样，同时不经历完整的状态序列更新价值的算法是 TD 学习；使用单个采样，依赖完整状态序列的算法是 MC 学习；考虑全宽度采样，对每一个采样经历只考虑后续一个状态时的算法是 DP 学习；既考虑所有状态转移的可能性又依赖完整状态序列的算法是穷举搜索法（Exhaustive Search）。

4.3 n 步时序差分学习

前面章节所介绍的 TD 学习算法实际上都是 TD(0)算法，括号内的数字 0 表示的是在当前状态在后续状态中只多看下一步的状态，通过该下一步状态估计的状态价值来更新当前状态的价值。要是让算法多看 2 步更新状态价值会怎样？这就引入了 n 步预测的概念。

n 步预测指从状态序列的当前状态（S_t）开始往序列终止状态方向观察至状态 S_{t+n-1}，使用这 n 个状态产生的即时奖励（$R_{t+1}, R_{t+2}, \cdots, R_{t+n}$）以及状态 S_{t+n} 预估价值来计算当前状态 S_t 的价值，如图 4.6 所示。

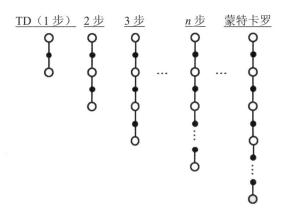

图 4.6　n 步预测

TD 是 TD(0)的简写，是基于 1 步预测的。根据 n 步预测的定义，可以推出当 n=1、2 和∞时对应的预测值如表 4.3 所示。从该表可以看出，MC 学习是基于∞步预测的。

表 4.3　n 步收获

步　　　数	学习算法	收　　获
$n = 1$	TD 或 TD(0)	$G_t^{(1)} = R_{t+1} + \gamma V\left(S_{t+1}\right)$
$n = 2$	TD 或 TD(0)	$G_t^{(2)} = R_{t+1} + \gamma R_{t+2} + \gamma^2 V\left(S_{t+2}\right)$
…	…	…
$n = \infty$	MC	$G_t^{(\infty)} = R_{t+1} + \gamma R_{t+2} + \cdots + \gamma^{T-1} R_T$

定义 n 步收获为：

$$G_t^{(n)} = R_{t+1} + \gamma R_{t+2} + \ldots + \gamma^{n-1} R_{t+n} + \gamma^n V\left(S_{t+n}\right) \tag{4.4}$$

由此可以得到 n 步 TD 学习对应的状态价值函数的更新公式为：

$$V\left(S_t\right) \leftarrow V\left(S_t\right) + \alpha\left(G_t^{(n)} - V\left(S_t\right)\right) \tag{4.5}$$

从式（4.4）和式（4.5）可以得到，当 n=1 时等同于 TD(0)学习，n 取无穷大时等同于 MC 学习。TD 学习和 MC 学习各有优劣，那么会不会存在一个 n 值，使得预测能够充分利用两种学习的优点得到一个更好的预测效果呢？研究认为不同的问题对应的比较高效的步数不是一成不变的。选择多少步数作为一个较优的计算参数是需要尝试的超参数调优问题。

为了能在不增加计算复杂度的情况下综合考虑所有步数的预测，我们引入一个新的参数 λ，并定义：

λ收获：从 n=1 到 n=∞的所有步收获的权重之和。其中，任意一个 n 步收获的权重被设计为 $(1-\lambda)\lambda^{n-1}$，如图 4.7 所示。通过这样的权重设计，可以得到 λ 收获的计算公式为：

$$G_t^\lambda = \left(1-\lambda\right)\sum_{n=1}^{\infty}\lambda^{n-1}G_t^{(n)} \tag{4.6}$$

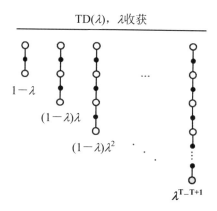

图 4.7　λ 收获权重分配

对应的 TD(λ)被描述为：

$$V\left(S_t\right) \leftarrow V\left(S_t\right) + \alpha\left(G_t^{(\lambda)} - V\left(S_t\right)\right) \tag{4.7}$$

图 4.8 显示了 TD(λ)中对于 n 收获的权重分配，左侧阴影部分是 3 步收获的权重值，随着 n 的增大，其 n 收获的权重呈几何级数的衰减。当在 T 时刻到达终止状态时，未分配的权重（右侧阴影部分）全部给予终止状态的实际收获值。如此设计可以使一个完整的状态序列中所有的 n 步收获的权重加起来为 1，离当前状态越远的收获其权重越小。

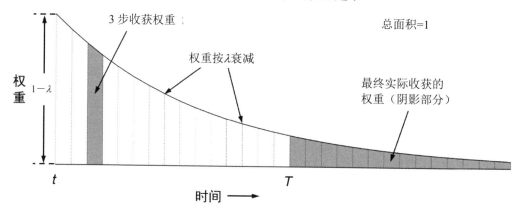

图 4.8　TD(λ)对于权重分配的图解

1. 前向认识 TD(λ)

TD(λ)的设计使得在状态序列中一个状态的价值 $V(S_t)$ 由 $G_t^{(\lambda)}$ 得到，而后者又间接由所有后续状态价值计算得到，因此可以认为更新一个状态的价值需要知道所有后续状态的价值。也就是说，必须要经历完整的状态序列获得包括终止状态的每一个状态的即时奖励，才能更新当前状态的价值。这和 MC 算法的要求一样，因此 TD(λ)算法有着和 MC 算法一样的劣势。λ 取值区间为[0,1]，当 $\lambda=1$ 时对应的就是 MC 算法，这给实际计算带来了不便。

2. 反向认识 TD(λ)

反向认识 TD(λ)为 TD(λ)算法进行在线实时单步更新学习提供了理论依据。为了解释这一点，需要先引入"效用迹"。我们通过一个例子来解释这个概念（见图 4.9）。老鼠在依次连续接受了 3 次响铃和 1 次亮灯信号后遭到了电击，那么在分析遭电击的原因时，到底是响铃的因素较重要还是亮灯的因素更重要呢？

图 4.9　是响铃还是亮灯引起了老鼠遭电击

如果把老鼠遭到电击的原因认为是之前接受了**较多次数**的响铃，就称这种归因为频率启发（Frequency Heuristic）式；而把电击归因于**最近**少数几次状态的影响，就称为就近启发（Recency Heuristic）式。如果给每一个状态引入一个数值**效用**（Eligibility，E）来表示该状态对后续状态的影响，就可以同时利用上述两种启发。所有状态的效用值总称为**效用迹**（Eligibility Traces，ES）。

【定义】

$$E_0(s) = 0 \tag{4.8}$$

$$E_t(s) = \gamma\lambda E_{t-1}(s) + \mathbf{1}(S_t = s) \qquad \gamma, \lambda \in [0, 1]$$

式（4.8）中的 $\mathbf{1}(S_t = s)$ 是一个真判断表达式，表示当 $S_t = s$ 时取值为 1，其余条件下取值为 0。图 4.10 给出效用 E 对于时间 t 的一个可能的曲线。

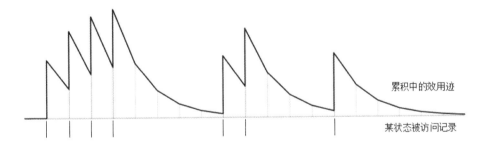

累积中的效用迹

某状态被访问记录

图 4.10　某状态一个可能的效用时间曲线

其中，横坐标是时间，横坐标下有竖线的位置代表当前时刻的状态为 s，纵坐标是效用值。从中可以看出，当某一状态连续出现时，E 值会在一定衰减的基础上有一个单位数值的提高，此时认为该状态将对后续状态的影响较大，如果该状态很长时间没有被学习过程经历，那么该状态的 E 值将逐渐趋于 0，表明该状态对于较远的后续状态价值的影响越来越少。

需要指出的是，针对每一个状态存在一个 E 值，且 E 值并不需要等到状态序列到达终止状态才能计算出来，它是根据已经经过的状态序列计算而来的，并且在每一个时刻都对每一个状态进行一次更新。E 值存在饱和现象，有一个瞬时最高上限：

$$E_{\text{sat}} = \frac{1}{1 - \gamma\lambda}$$

E 值是一个非常符合神经科学相关理论、非常精巧的设计，可以看成神经元的一个参数，反映了神经元对某一刺激的敏感性和适应性。神经元在接受刺激时会有反馈，在持续刺激时反馈一般也比较强，当间歇一段时间不刺激时，神经元又逐渐趋于静息状态；同时不论如何增加刺激的频率，神经元都有一个最大饱和反馈。如果我们在更新状态价值时把该状态的效用考虑进来，那么价值更新可以表示为：

$$\delta_t = R_{t+1} + \gamma V\left(S_{t+1}\right) - V\left(S_t\right)$$
$$V\left(s\right) \leftarrow V\left(s\right) + \alpha \delta_t E_t\left(s\right) \tag{4.9}$$

当 $\lambda = 0$ 时，$S_t = s$ 一直成立，此时价值更新等同于 TD(0) 算法：

$$V\left(S_t\right) \leftarrow V\left(S_t\right) + \alpha \delta_t$$

当 $\lambda = 1$ 时，在每完成一个状态序列后更新状态价值时，其完全等同于 MC 学习；在引入了效用迹后，可以每经历一个状态就更新状态的价值，这种实时更新的方法并不完全等同于 MC。

当 $\lambda \in (0,1)$ 时，在每完成一个状态序列后更新价值时，基于前向认识的 TD(λ) 与基于反向认识的 TD(λ) 完全等效，不过在进行在线实时学习时两者存在一些差别。这里就不详细展开了。

4.4 编程实践：蒙特卡罗学习评估 21 点游戏的玩家策略

本章的编程实践将使用 MC 学习来评估 21 点游戏中一个玩家的策略。为了完成这个任务，我们需要先了解 21 点游戏的规则，并构建一个游戏场景让庄家和玩家在一个给定的策略下进行博弈，生成对局数据。这里的对局数据在强化学习看来就是一个个完整的状态序列组成的集合。接下来使用本章介绍的蒙特卡罗算法评估其中玩家的策略。本节的难点之一在于蒙特卡罗学习算法的实现，之二在于游戏场景的实现以及生成蒙特卡罗算法学习的多个状态序列。

4.4.1 21 点游戏规则

21 点游戏是一个比较经典的对弈游戏，其规则也有各种版本，为了简化，本文仅介绍由一个庄家（Dealer）和一个普通玩家（Player，下文简称玩家）参与的一个符合基本规则的版本。游戏使用一副除大小王以外的 52 张扑克牌，游戏者的目标是使手中牌的点数之和不超过21 点且尽量大。其中，2~10 的数字牌点数就是牌面的数字，J、Q、K 三类牌均记为 10 点，牌 A 既可以记为 1 点也可以记为 11 点，由游戏者根据目标自己决定。牌的花色对于计算点数没有影响。

开局时，庄家将依次连续发两张牌给玩家和庄家，其中庄家的第一张牌是明牌，其牌面信息对玩家是开放的，庄家从第二张牌开始的其他牌的信息不对玩家开放。玩家可以根据自己手中牌的点数决定是否继续叫牌（Twist）或停止叫牌（Stick），一旦手中牌点数超过 21 点就必须停止叫牌。当玩家停止叫牌后，庄家可以决定是否继续叫牌。如果庄家停止叫牌，对局结束，双方亮牌计算输赢。

计算输赢的规则如下：如果双方点数均超过 21 点或双方点数相同，则为和局；一方为 21

点，另一方不是 21 点，则点数为 21 点的游戏者赢；如果双方点数均不到 21 点，则点数离 21 点近的玩家赢。

4.4.2　将 21 点游戏建模为强化学习问题

为了讲解基于完整状态序列的蒙特卡罗学习算法，我们把 21 点游戏建模成强化学习问题，设定由下面 3 个参数来集体描述一个状态：庄家的明牌（第一张牌）点数；玩家手中所有牌点数之和；玩家手中是否有可用的牌 A（Ace）。前两个参数比较好理解，第三个参数与玩家策略相关，玩家是否有 A 这张牌比较好理解，不过"可用的牌 A"指的是玩家手中的牌 A 按照目标最大化原则是否被计为 1 点，如果这张牌 A 没有被记为 1 点而是被计为了 11 点，则称这个牌 A 为"可用的牌 A"，认为玩家有一张"可用的牌 A"，否则认为没有"可用的牌 A"；当然，如果玩家手中没有牌 A，那么也认为是没有"可用的牌 A"。

例如，玩家手中的牌为"A，3，6"，那么此时根据目标最大化原则，A 将被计为 11 点，总点数为 20 点，此时玩家手中的牌 A 就是"可用的牌 A"。假如玩家手中的牌为"A，5，7"，那么此时的牌 A 不能被计为 11 点只能按 1 点计，相应总点数被计为 13 点，否则总点数将为 23 点，这时的牌 A 就不能被称为"可用的牌 A"。

根据对状态的设定，我们使用由 3 个元素组成的元组来描述一个状态。例如，（10，15，0）表示的状态是庄家的明牌是 10，玩家手中的牌加起来点数是 15，并且玩家手中没有"可用的牌 A"；（A，17，1）表述的状态是庄家第一张牌为 A，玩家手中牌总点数为 17，玩家手中有"可用的牌 A"。这样的状态设定不考虑玩家手中的具体牌面信息，也不记录庄家除第一张牌外的其他牌信息。所有可能的状态构成了状态空间。

该问题的行为空间比较简单，玩家只有两种选择："继续叫牌"或"停止叫牌"。

该问题中的状态如何转换取决于游戏者的行为以及后续发给游戏者的牌，状态间的转移概率很难计算。

可以设定奖励如下：当牌局未结束时，任何状态对应的奖励为 0；当牌局结束时，如果玩家赢得对局则奖励值为 1，如果玩家输掉对局则奖励值为 −1，和局时奖励值均为 0。

设定本问题中的衰减因子 $\gamma = 1$。

游戏者在选择行为时都会遵循一个策略。在本例中，庄家遵循的策略是只要手中的牌点数达到或超过 17 点就停止叫牌。我们先设定玩家遵循的策略是只要手中的牌点数不到 20 点就继续叫牌，点数达到或超过 20 点就停止叫牌。我们的任务是评估玩家的这个策略，即计算在该策略下的状态价值函数，也就是计算状态空间中每一个状态对应的价值。

4.4.3　游戏场景的搭建

首先来搭建这个游戏场景，实现生成对局数据的功能，要实现的功能包括统计游戏者手中牌的总点数、判断当前牌局信息对应的奖励、实现庄家与玩家的策略、模拟对局的过程以生成对局数据等。为了能尽可能生成较符合实际的对局数据，我们将循环使用一副牌，对局过程中发牌、洗牌、收集已使用牌等过程将得到较为真实的模拟。我们使用面向对象的编程思想，通过构建游戏者类和游戏场景类来实现上述功能。

首先我们导入一些必要的库：

```
from random import shuffle
from queue import Queue
from tqdm
import tqdm
import math
import matplotlib.pyplot as plt
import numpy as np
from mpl_toolkits.mplot3d import Axes3D
from utils import str_key,set_dict,get_dict
```

经过初步的抽象，我们认为一个单纯的 21 点游戏者应该至少能记住对局过程中手中牌的信息，知道自己的行为空间，还应该能辨认单张牌的点数以及手中牌的总点数，此外游戏者能够接受发给他的牌以及一局结束后将手中的牌扔掉等。为此我们编写了一个名称为 Gamer 的游戏者类。代码如下：

```
class Gamer():
    '''游戏者'''
    def __init__(self, name = "", A = None, display = False):
        self.name = name
        self.cards = []              # 手中的牌
        self.display = display       # 是否显示对局文字信息
        self.policy = None           # 策略
        self.learning_method = None  # 学习方法
        self.A = A                   # 行为空间

    def __str__(self):
        return self.name

    def _value_of(self, card):
        '''根据牌的字符判断牌的数值大小，牌 A 被输出为 1，牌 J、Q、K 均为 10，
           其余按牌面对应的数字取值
        Args:
            card: 牌面信息 str
        Return:
            牌的大小数值 int，A 返回 1
        '''
        try:
            v = int(card)
        except:
            if card == 'A':
                v = 1
            elif card in ['J','Q','K']:
                v = 10
```

```
            else:
                v = 0
        finally:
            return v

    def get_points(self):
        '''统计一手牌的分值, 如果使用了牌 A 的 1 点, 同时返回 True
        Args:
            cards 庄家或玩家手中牌 list ['A','10','3']
        Return
            tuple (返回牌总点数,是否使用了可用的牌 A)
            例如['A','10','3'] 返回 (14, False)
                ['A','10'] 返回 (21, True)
        '''
        num_of_useable_ace = 0          # 默认没有拿到 Ace
        total_point = 0                 # 总值
        cards = self.cards
        if cards is None:
            return 0, False
        for card in cards:
            v = self._value_of(card)
            if v == 1:
                num_of_useable_ace += 1
                v = 11
            total_point += v
        while total_point > 21 and num_of_useable_ace > 0:
            total_point -= 10
            num_of_useable_ace -= 1
        return total_point, bool(num_of_useable_ace)

    def receive(self, cards = []):  # 玩家获得一张或多张牌
        cards = list(cards)
        for card in cards:
            self.cards.append(card)

    def discharge_cards(self):          # 玩家把手中的牌清空, 扔牌
        self.cards.clear()


    def cards_info(self):
        '''显示牌面的具体信息'''
        self._info("{}{}现在的牌:{}\n".format(self.role, self,self.cards))

    def _info(self, msg):
        if self.display:
            print(msg, end="")
```

在上面的代码中，实例化一个游戏者可以提供 3 个参数，分别是该游戏者的姓名（name）、行为空间（A）和是否在终端显示具体信息（display）。其中设置第三个参数主要是由于调试和显示的需要，我们希望一方面游戏在生成大量对局信息时不要输出每一局的细节，另一方面在观察细节时希望能在终端给出某时刻庄家和玩家手中具体牌的信息以及他们的行为等。我们还给游戏者增加了一些辅助属性，比如游戏者姓名、策略、学习方法等，还设置了一个 display 以及一些显示信息的方法，用来在对局中在终端输出对局信息。在计算单张牌面点数时，借用了异常处理。在统计一手牌的点数时，要考虑到可能出现多张牌 A 的情况。读者可以输入一些测试牌的信息以观察这两个方法的输出。

在 21 点游戏中，庄家和玩家都是一个游戏者，我们可以从 Gamer 类继承出 Dealer 类和 Player 类，分别表示庄家和普通玩家。庄家和普通玩家的区别在于两者的角色不同、使用的策略不同。其中，庄家使用固定的策略，还能显示第一张明牌给其他玩家。在本章编程实践中，玩家使用最基本的策略，由于我们的玩家还要进行基于蒙特卡罗算法的策略评估，因此还需要具备构建一个状态的能力。我们扩展的庄家类如下：

```python
class Dealer(Gamer):
    def __init__(self, name = "", A = None, display = False):
        super(Dealer,self).__init__(name, A, display)
        self.role = "庄家"
        self.policy = self.dealer_policy

    def first_card_value(self):
        if self.cards is None or len(self.cards) == 0:
            return 0
        return self._value_of(self.cards[0])

    def dealer_policy(self, Dealer = None):
        action = ""
        dealer_points, _ = self.get_points()
        if dealer_points >= 17:
            action = self.A[1]          # "停止要牌"
        else:
            action = self.A[0]
        return action
```

在庄家类的构造方法中声明基类是游戏者（Gamer），这样就具备了游戏者的所有属性和方法。我们给庄家贴上"庄家"角色标签，同时指定策略，在具体的策略方法中规定庄家的牌只要达到或超过 17 点就不再继续叫牌。

玩家类的代码如下：

```python
class Player(Gamer):
    def __init__(self, name = "", A = None, display = False):
        super(Player, self).__init__(name, A, display)
        self.policy = self.naive_policy
        self.role = "玩家"          # "庄家"还是"玩家"，庄家是特殊的玩家
```

```
def get_state(self, dealer):
    dealer_first_card_value = dealer.first_card_value()
    player_points, useable_ace = self.get_points()
    return dealer_first_card_value, player_points, useable_ace

def get_state_name(self, dealer):
    return str_key(self.get_state(dealer))

def naive_policy(self, dealer=None):
    player_points, _ = self.get_points()
    if player_points < 20:
        action = self.A[0]
    else:
        action = self.A[1]
    return action
```

玩家类也继承自游戏者（Gamer），指定其策略为最原始的策略（naive_policy），规定玩家只要点数小于 20 点就继续叫牌。玩家同时还会根据当前局面信息得到当前局面的状态，为策略评估做准备。

至此，游戏者这部分的建模工作就完成了。接下来将准备游戏桌、游戏牌、组织游戏对局、判定输赢等功能。我们把所有的这些功能封装在一个名称为 Arena 的类中。Arena 类的构造方法如下：

```
class Arena():
    '''负责游戏管理'''
    def __init__(self, display = None, A = None):
        self.cards = \
            ['A','2','3','4','5','6','7','8','9','10','J','Q',"K"]*4
        self.card_q = Queue(maxsize = 52)      # 洗好的牌
        self.cards_in_pool = []                # 已经用过的公开的牌
        self.display = display
        self.episodes = []                     # 产生的对局信息列表
        self.load_cards(self.cards)            # 把初始状态的 52 张牌装入发牌器
        self.A = A                             # 获得行为空间
```

Arena 类构造函数接受两个额外参数，这两个参数与构建游戏者的参数一样。Arena 包含的属性有一副不包括大小王、花色信息的牌（cards）、一个装载洗好了牌的发牌器（cards_q），一个负责收集已经使用过的废牌的池子（cards_in_pool），一个记录了对局信息的列表（episodes），还包括是否显示具体信息以及游戏的行为空间等。在构造一个 Arena 对象时，我们同时把一副新牌洗好并装进发牌器，这个工作在 load_cards 方法中完成。我们来看看这个方法的细节。

```
def load_cards(self, cards):
    '''把收集的牌洗一洗，重新装到发牌器中
```

```
    Args:
        cards 要装入发牌器的多张牌 list
    Return:
        None
    '''
    shuffle(cards)                    # 洗牌
    for card in cards:                # deque 数据结构只能一个一个添加
        self.card_q.put(card)
    cards.clear()                     # 原来的牌清空
    return
```

这个方法接受一个参数（cards），多数时候将 cards_in_pool 传给这个方法，也就是把桌面上已使用的废牌收集起来传给这个方法，该方法首先把这些牌的次序打乱，模拟洗牌操作，随后将洗好的牌放入发牌器。完成洗牌、装牌功能。Arena 应具备根据庄家和玩家手中的牌的信息判断当前谁赢谁输的能力，该能力通过如下方法（reward_of）来实现：

```
def reward_of(self, dealer, player):
    '''判断玩家奖励值，附带玩家、庄家的牌点信息
    '''
    dealer_points, _ = dealer.get_points()
    player_points, useable_ace = player.get_points()
    if player_points > 21:
        reward = -1
    else:
        if player_points > dealer_points or dealer_points > 21:
            reward = 1
        elif player_points == dealer_points:
            reward = 0
        else:
            reward = -1
    return reward, player_points, dealer_points, useable_ace
```

该方法接受庄家和玩家参数，计算对局过程中以及对局结束时牌局的输赢信息（reward），返回当前玩家、庄家具体的总点数以及玩家是否有"可用的牌 A"等信息。

下面的方法实现 Arena 对象如何向庄家或玩家发牌的功能：

```
def serve_card_to(self, player, n = 1):
    '''给庄家或玩家发牌，如果牌不够则将公开牌池的牌洗一洗重新发牌
    Args:
        player 一个庄家或玩家
        n 一次连续发牌的数量
    Return:
        None
    '''
    cards = []        # 将要发出的牌
```

```
    for _ in range(n):
        # 要考虑发牌器没有牌的情况
        if self.card_q.empty():
            self._info("\n 发牌器没牌了，整理废牌，重新洗牌;")
            shuffle(self.cards_in_pool)
            self._info("一共整理了{}张已用牌，重新放入发牌器\n".format(\
                       (len(self.cards_in_pool)))
            assert(len(self.cards_in_pool) > 20)
            # 通常发牌器没有牌的时候，玩家已经使用了相当数量的牌了。
            # 如果玩家爆点了还持续叫牌,
            # 就会导致玩家手中牌变多而发牌器和已使用的牌都很少，需避免这种情况。
            # 将收集起来的用过的牌洗好送入发牌器重新使用。
            self.load_cards(self.cards_in_pool)
        cards.append(self.card_q.get())  # 从发牌器发出一张牌
    self._info("发了{}张牌({})给{}{};".format(\
               n, cards, player.role, player))
    #self._info(msg)
    player.receive(cards)                    # 牌已发给某一玩家
    player.cards_info()


def _info(self, message):
    if self.display:
        print(message, end="")
```

这个方法（serve_card_to）接受一个玩家（player）和一个整数（n）作为参数，表示向该玩家一次发出一定数量的牌，在发牌时如果遇到发牌器里没有牌的情况时，会将已使用的牌收集起来洗好后送入发牌器，随后把需要数量的牌发给某一玩家。代码中的方法（_info）负责根据条件在终端输出对局信息。

当一局结束时，Arena 对象负责把玩家手中的牌回收至已使用的废牌区。这个功能由下面这个方法来完成：

```
def recycle_cards(self, *players):
    '''回收玩家手中的牌到公开使用过的牌池中'''
    if len(players) == 0:
        return
    for player in players:
        for card in player.cards:
            self.cards_in_pool.append(card)
        player.discharge_cards()      # 玩家手中不再留有这些牌
```

剩下一个最关键的功能就是如何让庄家和玩家进行一次对局，可编写下面的方法来实现：

```
def play_game(self, dealer, player):
    '''玩一局 21 点，生成一个状态序列以及最终奖励（中间奖励为 0）
    Args:
```

```
        dealer/player 庄家和玩家手中的牌 list
    Returns:
        tuple: episode, reward
    '''
    #self.collect_player_cards()
    self._info("======== 开始新一局 ========\n")
    self.serve_card_to(player, n=2)  # 发两张牌给玩家
    self.serve_card_to(dealer, n=2)  # 发两张牌给庄家
    episode = []  # 记录一个对局信息
    if player.policy is None:
        self._info("玩家需要一个策略")
        return
    if dealer.policy is None:
        self._info("庄家需要一个策略")
        return
    while True:
        action = player.policy(dealer)
        # 玩家的策略产生一个行为
        self._info("{}{}选择:{};".format(player.role, player, action))
        # 记录一个(s,a)
        episode.append((player.get_state_name(dealer), action))
        if action == self.A[0]:            # 继续叫牌
            self.serve_card_to(player)     # 发一张牌给玩家
        else:      # 停止叫牌
            break
    # 玩家停止叫牌后要计算一下玩家手中的点数，玩家如果爆了，庄家就不用继续了
    reward, player_points, dealer_points, useable_ace = \
        self.reward_of(dealer, player)

    if player_points > 21:
        self._info("玩家爆点{}输了，得分:{}\n".format(\
            player_points, reward))
        self.recycle_cards(player, dealer)
        self.episodes.append((episode, reward))
        # 预测时需要形成状态序列（episode list）后统一学习 V
        # 在蒙特卡罗控制时，可以不需要状态序列，生成一个状态学习一个，下同
        self._info("======== 本局结束 ========\n")
        return episode, reward

    # 玩家并没有超过 21 点
    self._info("\n")
    while True:
        action = dealer.policy()        # 庄家从其策略中获取一个行为
        self._info("{}{}选择:{};".format(dealer.role, dealer, action))
        if action == self.A[0]:         # 庄家"继续要牌":
```

```
            self.serve_card_to(dealer)
            # 停止要牌是针对玩家来说的，episode 不记录庄家动作
            # 在状态只记录庄家第一张牌的信息时，可不重复记录(s,a)，
            # 因为此时玩家不再叫牌，(s,a)均相同
            # episode.append((get_state_name(dealer, player), self.A[1]))
        else:
            break
    # 双方均停止叫牌了
    self._info("\n 双方均停止了叫牌;\n")
    reward, player_points, dealer_points, useable_ace = \
        self.reward_of(dealer, player)
    player.cards_info()
    dealer.cards_info()
    if reward == +1:
        self._info("玩家赢了!")
    elif reward == -1:
        self._info("玩家输了!")
    else:
        self._info("双方和局!")
    self._info("玩家{}点,庄家{}点\n".format(player_points, dealer_points))
    self._info("========= 本局结束 ==========\n")
    self.recycle_cards(player, dealer)  # 回收玩家和庄家手中的牌至公开牌池
    # 将刚才产生的完整对局添加至状态序列列表，而蒙特卡罗控制则不需要
    self.episodes.append((episode, reward))
    return episode, reward
```

　　这段代码虽然比较长，但是里面包含了许多反映对局过程的信息，使得代码也比较容易理解。该方法接受以一个庄家、一个玩家为参数，产生一次对局，并返回该对局的详细信息。需要指出的是玩家的策略要做到在玩家手中的牌超过 21 点时强制停止叫牌。其次，在玩家停止叫牌后，Arena 对局面进行一次判断，如果玩家超过 21 点则本局结束，否则提示庄家选择行为。当庄家停止叫牌后，Arena 对局面再次进行判断，结束对局并将该对局产生的详细信息记录为一个 episode 对象，并附加地把包含了该局信息的 episode 对象联合该局的最终输赢（奖励）登记至 Arena 的成员属性 episodes 中。

　　有了生成一次对局的方法，我们编写下面的代码来一次性生成多个对局：

```
def play_games(self, dealer, player, num=2, show_statistic = True):
    '''一次性玩多局游戏'''
    results = [0, 0, 0]         # 玩家负、和、胜局数
    self.episodes.clear()
    for i in tqdm(range(num)):
        episode, reward = self.play_game(dealer, player)
        results[1+reward] += 1
        if player.learning_method is not None:
            player.learning_method(episode ,reward)
```

```
if show_statistic:
    print("共玩了{}局，玩家赢{}/和{}/输{}，胜率：{:.2f}，不输率:{:.2f}"\
        .format(num, results[2],results[1],results[0],results[2]/num,\
            (results[2]+results[1])/num))
pass
```

该方法接受一个庄家、一个玩家、需要产生的对局数量以及是否显示多个对局的统计信息共 4 个参数，生成指定数量的对局信息，这些信息都保存在 Arena 的 episodes 对象中。为了兼容具备学习能力的玩家，我们设置了在每一个对局结束后如果玩家能够从中学习，则提供玩家一次学习的机会。在本章中的玩家不具备从对局中学习改善策略的能力，这部分内容将在下一章详细讲解。如果参数设置为显示统计信息，就会在指定数量的对局结束后显示一共对局了多少局、玩家的胜率等。

4.4.4　生成对局数据

至此，我们所有的准备工作就完成了。下面的代码将生成一个庄家、一个玩家、一个 Arena 对象，并进行 20 万次的对局：

```
A=["继续叫牌","停止叫牌"]
display = False
# 创建一个玩家、一个庄家，玩家使用原始策略，庄家使用固定策略
player = Player(A = A, display = display)
dealer = Dealer(A = A, display = display)
# 创建一个场景
arena = Arena(A = A, display = display)
# 生成 num 个完整的对局
arena.play_games(dealer, player, num = 200000)
# 将输出类似如下的结果
# 100%|          | 200000/200000 [00:18<00:00, 11014.64it/s]
# 共玩了 200000 局，玩家赢 58647/和 11250/输 130103，胜率：0.29，不输率:0.35
```

4.4.5　策略评估

对局生成的数据均保存在对象 arena.episodes 中，接下来的工作就是使用这些数据对玩家的策略进行评估，代码如下：

```
# 统计各状态的价值，衰减因子为 1，中间状态的即时奖励为 0，递增式蒙特卡罗评估
def policy_evaluate(episodes, V, Ns):
    for episode, r in episodes:
        for s, a in episode:
            ns = get_dict(Ns, s)
            v = get_dict(V, s)
            set_dict(Ns,ns+1, s)
            set_dict(V,v+(r-v)/(ns+1),s)

V={}    # 状态价值字典
```

```
Ns={}     # 状态被访问的次数节点
policy_evaluate(arena.episodes,V,Ns) # 学习 V 值
```

其中，V 和 Ns 保存着蒙特卡罗策略评估进程中的价值和统计次数，我们使用的是每次访问计数的方法。我们还可以编写如下方法将价值函数绘制出来：

```
def draw_value(value_dict,useable_ace=True,is_q_dict=False,A=None):
    # 定义 figure
    fig=plt.figure()
    # 将 figure 变为 3d
    ax=Axes3D(fig)
    # 定义 x, y
    x= np.arange(1, 11, 1)        # 庄家第一张牌
    y = np.arange(12, 22, 1)      # 玩家总分数
    # 生成网格数据
    X, Y = np.meshgrid(x, y)
    # 从 V 字典检索 Z 轴的高度
    row, col = X.shape
    Z = np.zeros((row,col))
    if is_q_dict:
        n = len(A)
        for i in range(row):
        for j in range(col):
            state_name = str(X[i,j])+"_"+str(Y[i,j])+"_"+str(useable_ace)
            if not is_q_dict:
                Z[i,j] = get_dict(value_dict, state_name)
            else:
                assert(A is not None)
                for a in A:
                    new_state_name=state_name+"_" + str(a)
                    q=get_dict(value_dict, new_state_name)
                    if q >= Z[i,j]:
                        Z[i,j] = q
    # 绘制 3D 曲面
    ax.plot_surface(X,Y,Z, rstride = 1, cstride = 1, color="lightgray")
    plt.show()
draw_value(V, useable_ace = True, A = A)    # 绘制有 "可用的牌 A" 时的状态价值图
draw_value(V, useable_ace = False, A = A)   # 绘制无 "可用的牌 A" 时的状态价值图
```

结果如图 4.11 所示。

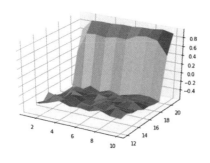 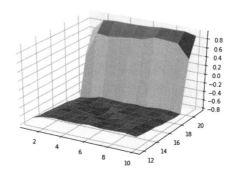

（a）有"可用的牌 A"　　　　　　　　　（b）没有"可用的牌 A"

图 4.11　21 点游戏玩家原始策略的价值函数（20 万次迭代）

我们可以设置各对象 display 的值为 True 来生成少量对局并输出对局的详细信息：

```
# 观察几局对局信息
display = True player.display, dealer.display,
arena.display = display, display, display
arena.play_games(dealer, player, num = 2)
# 将输出类似如下的结果：
# ========= 开始新一局 =========
# 发了 2 张牌(['4', '8'])给玩家；玩家现在的牌：['4', '8']
# 发了 2 张牌(['10', 'K'])给庄家；庄家现在的牌：['10', 'K']
# 玩家选择：继续叫牌；发了 1 张牌(['K'])给玩家；玩家现在的牌：['4', '8', 'K']
# 玩家选择：停止叫牌；玩家爆点 22，输了，得分：-1
# ========= 本局结束 =========
# ========= 开始新一局 =========
# 发了 2 张牌(['9', 'A'])给玩家；玩家现在的牌：['9', 'A']
# 发了 2 张牌(['5', '7'])给庄家；庄家现在的牌：['5', '7']
# 玩家选择：停止叫牌；
# 庄家选择：继续叫牌；发了 1 张牌(['7'])给庄家；庄家现在的牌：['5', '7', '7']
# 庄家选择：停止叫牌；
# 双方均停止叫牌；
# 玩家现在的牌：['9', 'A']
# 庄家现在的牌：['5', '7', '7']
# 玩家赢了！玩家 20 点，庄家 19 点
# ========= 本局结束 =========
# 共玩了 2 局，玩家赢 1/和 0/输 1，胜率：0.50，不输率：0.50
```

在本节的编程实践中，我们构建了游戏者基类并扩展形成了庄家类和玩家类来模拟玩家的行为，同时构建了游戏场景类来负责对局管理。在此基础上使用蒙特卡罗算法对游戏中玩家的原始策略进行了评估。在策略评估环节，我们并没有把价值函数（字典）、计数函数（字典）以及策略评估方法设计为玩家类的成员对象和成员方法，只是为了讲解方便，完全可以将它们设计为玩家的成员变量和方法。在下一章的编程实践中，我们将继续通过 21 点游戏介绍如何使用蒙特卡罗控制寻找最优策略，在本节建立的 Dealer、Player 和 Arena 类将得到复用和扩展。

第 5 章　无模型的控制

　　前一章内容讲解了个体在不依赖模型的情况下如何进行预测，也就是求解在给定策略下的状态价值或行为价值函数。本章主要讲解在无模型的条件下如何通过个体的学习优化价值函数，同时改善自身行为的策略，以最大化获得累积奖励的过程（这一过程称作"无模型的控制"）。

　　生活中有很多关于优化控制的问题，比如控制一个大厦内的多部电梯使得效率更高，控制直升机的特技飞行、机器人足球世界杯上控制机器人球员、围棋游戏等。这些问题要么环境复杂，我们对其环境动力学的特点无法掌握，例如无法精确地描述直升机特技飞行时的空气流动特征、球场上每一个机器人球员位置和姿态；要么虽然问题的规则容易精确描述，也就是环境动力学特征是已知的，但是问题的规模太大，以至于计算机根据一般算法无法高效地求解。例如，围棋游戏的规则很简单，但是这一规则会形成规模极其庞大的棋局。如果使用传统的方法来构建一个智能的围棋手是极其困难的。从强化学习的角度来说，描述围棋问题的状态空间极其宏大。不过无论问题属于以上何种情况，使用最先进的强化学习技术目前都能较好地解决。

　　在学习用动态规划进行策略评估、优化时，我们能体会到个体在与环境进行交互时，其实际交互的行为需要基于一个策略来产生。在评估一个状态或行为的价值时，也需要基于一个策略，因为不同的策略下同一个"状态"或"状态-行为对"（State-Action Pair）的价值是不同的。我们把用来指导个体产生与环境进行实际交互行为的策略称为**行为策略**，把用来评价状态或行为价值的策略或者待优化的策略称为**目标策略**。如果个体在学习过程中优化的策略与自己的行为策略是同一个策略，那么这种学习方式就称为**同策略学习**（On-policy Learning）。如果个体在学习过程中优化的策略与自己的行为策略是不同的策略，那么这种学习方式就称为**异策略学习**（Off-policy Learning，或称为离策略学习）。

　　从已知模型、基于全宽度采样的动态规划学习转至模型未知的、基于采样的蒙特卡罗或时序差分学习，所进行的控制是高效解决中等规模实际问题的一个突破。基于这些思想产生了一些经典的理论和算法，如不完全贪婪搜索策略、同策略蒙特卡罗控制、同策略时序差分学习、属于异策略学习算法的 Q 学习等。下文将详细论述。

5.1　行为价值函数的重要性

　　在无模型的控制时，因为无法精确知晓状态间的转移概率，所以无法使用基于状态转移概率来改善贪婪策略，公式如下：

$$\pi'(s) = \arg\max_{a \in A} \left(R_s^a + P_{ss'}^a V(s') \right)$$

　　这不难理解，就拿第 2 章提到的学生学习一门课的马尔可夫决策过程的例子来说，假设我们需要在贪婪策略下确定学生处在"第三节课"时的价值，就需要比较学生在"第三节课"后所能采取的"学习"和"泡吧"这两个行为之后状态的价值。对于继续"学习"比较简单，在获得一个价值为 10 的即时奖励之后，进入价值恒为 0 的"退出休息"状态，此时得到在"第三节课"后选择继续"学习"的价值为+10；而选择"泡吧"时，计算就没那么简单了，因为在"泡吧"过后学生自己并不确定将回到哪个状态，因此无法直接用某一个状态的价值来计算"泡吧"行为的价值。环境按照一定的概率（分别为 0.2、0.4、0.4）把学生重新分配至"第一节课""第二节课"或"第三节课"。也只有在知道这 3 个概率值后，我们才能根据后续这 3 个状态的价值计算出"泡吧"行为的价值为+9.4，根据贪婪策略，学生在"第三节课"的价值为+10。在基于采样的强化学习时，我们无法事先精确知道这些状态之间在不同行为下的转移概率，因而无法单独基于状态的价值来改善我们的贪婪策略。

　　生活中也是如此，有时一个人给自己制定了一个价值很高的目标，却发现不知采取什么行为来达到这个目标。与其花时间比较目标与现实的差距，倒不如立足于当下，在所有可用的行为中选择一个最高价值的行为。因此，如果能够确定某个状态下所有可能的行为的价值，那么自然比较容易从中选出一个最优价值的行为。实践证明，在无模型的强化学习问题中，确定"状态行为对"的价值要容易很多。

　　生活中有些人喜欢做事但不善于总结，这类人一般要比那些勤于总结的人进步慢，从策略迭代的角度看，这类人的策略更新迭代周期较长；有些人在总结经验上过于勤快，甚至在一件事情还没完全定论时就急于总结并推理过程之间的关系，这种总结得到的经验有可能是错误的。强化学习中的个体也是如此，为了让个体尽早找到最优策略，可以适当加快策略迭代的速度，但是在一个不完整的状态序列学习中则要注意不能过多地依赖状态序列中相邻"状态-行为对"的关系。基于蒙特卡罗方法的学习所利用的是完整的状态序列，为了加快学习速度，可以在只经历一个完整状态序列后就进行策略迭代；在进行基于时序差分的学习时，虽然学习速度可以更快，但是要注意减少对事件估计的偏差。

5.2　ϵ 贪婪策略

　　在前文讲解动态规划进行策略迭代时，初始阶段我们选择的是均匀随机策略（Uniform Random Policy），而进行过一次迭代后，我们选择了贪婪策略（Greedy Policy），即每一次只选择能到达具有最大价值的状态所对应的行为，在随后的每一次迭代中都使用这个贪婪策略。实验发现，这样能够明显加快找到最优策略的速度。贪婪搜索策略在基于模型的动态规划算法中能收敛至最优策略（价值），但这在无模型、基于采样的蒙特卡罗或时序差分学习中却通常不能收敛至最优策略。这 3 种算法都采用通过后续状态价值回溯的办法来确定当前状态价值，不过动态规划算法还是考虑了一个状态后续所有状态的价值，而其他两种算法仅能考虑到在学习过程中有限次数的、通过采样经历过的状态，那些事实存在但还没经历过的状态，对于蒙特卡罗和时序差分算法来说，都是未探索的、不被考虑的状态，有些状态虽然在学习过程中经历过，但是经历次数不多，对其价值的估计也不一定准确。试想一下，有一些事实上价值较高的状态，个体由于一些原因从未经历过，此时使用贪婪算法将始终无法探索到这些状态，因而也"无缘"经历这些状态了。同样的道理，使用贪婪算法，那些曾经经历过但被算法认为价值较低的状态也很难再次被个体选择并继续"光顾"。这两种情况都将导致无法得到一个最优的策略。

举个例子：假设你刚搬到一个街区，街上有两家餐馆，你决定去两家都尝试一下并给自己的就餐体验打个分，分值在 0～10 分之间，分值越高表明你对就餐体验的满意度越高。你先体验了第一家，觉得一般，给了 5 分；过了几天你去了第二家，觉得不错，给了 8 分。此时，如果选择贪婪策略来指导你选择下次就餐要去的餐馆，则你将只会去评分高的那家餐馆就餐，也就是下一次你将继续选择去第二家餐馆。假设第二次去这家餐馆，你的满意度没有上一次好，给了 6 分。经过了这 3 次体验后，你对第一家餐馆的评分为 5 分，对第二家的评分平均下来是 7 分。之后你仍然选择贪婪策略，下一次体验仍然是去第二家，假设体验为 7 分，那么经过这 4 次体验之后，你能确认对你来说第二家餐馆就一定比第一家好吗？答案是否定的，原因在于你只去了一次第一家餐馆，仅靠这一次的体验是不可靠的。贪婪策略并不意味着你今后就一定无法选择去第一家就餐，但是只有在你去过一定次数的第二家餐馆，并且平均的满意度低于第一家的评分 5 分时，那么下一次你才会选择去第一家餐馆。如果你对第二家餐馆的平均体验评分一直在第一家的 5 分之上，依据贪婪策略，你将不会再去第一家餐馆体验。也许你第一次去第一家餐馆就餐时恰好碰到他们刚开业，各方面服务还不完善，但是现在已经做得很好了。贪婪策略有可能使你错失在第一家餐馆就餐的美好体验。

采取贪婪策略还有一个问题，就是如果这条街上新开了一家餐馆，且你对没有去过的餐馆评分为最低的 0，那就将永远不会去尝试这家新开的餐馆。

贪婪策略产生问题的根源是无法保证持续地探索。为了解决这个问题，一种不完全的贪婪（ϵ-Greedy）搜索策略被提出来，它的基本思想就是保证能做到持续的探索，具体通过设置一个较小的 ϵ 值，使用 $1-\epsilon$ 的概率贪婪地选择目前认为是最大价值的行为，而用 ϵ 的概率随机地从所有 m 个可选行为中选择行为，即

$$\pi(a|s)=\begin{cases}\epsilon/m+1-\epsilon & \text{如果} a^*=\underset{a\in A}{\operatorname{argmax}}\, Q(s,a)\\ \epsilon/m & \text{其他}\end{cases}\tag{5.1}$$

5.3 同策略蒙特卡罗控制

同策略蒙特卡罗控制在通过 ϵ 贪婪策略采样一个或多个完整的状态序列后，平均得出某一"状态-行为对"（State-Action Pair）的价值，并持续进行策略的评估和改善。通常可以在仅得到一个完整状态序列后就进行一次策略迭代以加速迭代过程。

使用 ϵ 贪婪策略进行同策略蒙特卡罗控制仍然只能得到基于该策略的近似行为价值函数，这是因为该策略一直在进行探索，没有一个终止条件。因此我们必须关注以下两个方面：一方面，我们不想丢掉任何更好的信息和状态；另一方面，随着策略的改善，我们最终希望能终止于某一个最优策略。为此引入了一个理论概念：GLIE（Greedy in the Limit with Infinite Exploration，也就是在有限时间内进行无限可能的探索）。它包含两层意思：

一是所有的"状态-行为对"（State-Action Pair）会被无限次探索：

$$\lim_{k \to \infty} N_k(s, a) = \infty$$

二是随着采样趋向无穷多，策略收敛至一个贪婪策略：

$$\lim_{k \to \infty} \pi_k(a \mid s) = 1\left(a = \arg\max_{a' \in A} Q_k(s, a')\right)$$

存在如下的定理：

基于 GLIE 的蒙特卡罗控制能收敛至最优的"状态－行为"价值函数：

$$Q(s, a) \to q^*(s, a)$$

如果在使用 ϵ 贪婪策略时能令 ϵ 随采样次数的无限增加而趋向于 0，就符合 GLIE。这样基于 GLIE 的蒙特卡罗控制流程如下：

（1）基于给定策略 π，采样第 k 个完整的状态序列 $\{S_1, A_1, R_2, \cdots, S_T\}$。

（2）对于该状态序列中出现的每一"状态-行为对"(S_t, A_t)，更新其计数 N 和行为价值函数 Q：

$$N(S_t, A_t) \leftarrow N(S_t, A_t) + 1$$

$$Q(S_t, A_t) \leftarrow Q(S_t, A_t) + \frac{1}{N(S_t, A_t)}\left(G_t - Q(S_t, A_t)\right) \tag{5.2}$$

（3）基于新的行为价值函数 Q 以如下方式改善策略：

$$\epsilon \leftarrow 1 / k$$

$$\pi \leftarrow \epsilon - \text{greedy}(Q) \tag{5.3}$$

在实际应用中，ϵ 的取值可不局限于取 $1/k$，只要符合 GLIE 特性的设计均可以收敛至最优策略（价值）。

5.4　同策略时序差分控制

通过上一章关于预测的学习，我们体会到时序差分（TD）学习相比蒙特卡罗（MC）学习有很多优点：低变异性（即方差小），可以在线实时学习，可以学习不完整状态序列等。在控制问题上使用 TD 学习同样具备上述优点。在本节的同策略 TD 学习中，我们将介绍 Sarsa 算法和 Sarsa(λ)算法，在下一节的异策略 TD 学习中将详细介绍 Q 学习算法。

5.4.1　Sarsa 算法

Sarsa 的名称来源于图 5.1 所示的序列描述：针对一个状态 S，个体通过行为策略产生一个行为 A，执行该行为产生一个"状态-行为对"(S, A)，环境收到个体的行为后会告诉个体即时

奖励 R 以及后续进入的状态 S'; 个体在状态 S' 时遵循当前的行为策略产生一个新行为 A', 个体此时并不执行该行为, 而是通过行为价值函数得到后一个"状态-行为对" (S', A') 的价值, 利用这个新的价值和即时奖励 R 来更新前一个"状态-行为对" (S, A) 的价值。

与 MC 算法不同的是, Sarsa 算法在单个状态序列内的每一个时间步内, 在状态 S 下采取一个行为 A 到达状态 S' 后都要更新"状态-行为对" (S, A) 的价值 $Q(S, A)$。这一过程同样使用 ϵ 贪婪策略进行策略迭代:

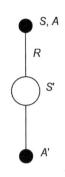

图 5.1　Sarsa 算法示意图

$$Q(S,A) \leftarrow Q(S,A) + \alpha\left(R + \gamma Q(S',A') - Q(S,A)\right) \qquad (5.4)$$

Sarsa 的算法流程如算法 1 所述。

算法 1: Sarsa 算法

输入: $episodes, \alpha, \gamma$

输出: Q

initialize: set $Q(s,a)$ arbitrarily, for each s in $\mathbb{S}$ and a in $\mathbb{A}(s)$; set $Q(\text{terminal state}, \cdot) = 0$

repeat for each episode in episodes

    initialize: $S \leftarrow$ first state of episode

    $A = \text{policy}(Q, S)$ (e.g. ϵ-greedy policy)

    repeat for each step of episode

        $R, S' = \text{perform\_action}(S, A)$

        $A' = \text{policy}(Q, S')$ (e.g. ϵ-greedy policy)

        $Q(S, A) \leftarrow Q(S, A) + \alpha(R + \gamma Q(S', A') - Q(S, A))$

        $S \leftarrow S'; A \leftarrow A';$

    until S is terminal state;

until all episodes are visited;

在 Sarsa 算法中, $Q(S, A)$ 的值使用一张大表来存储, 这不是很适合解决规模很大的问题; 对于每一个状态序列, 在 S 状态时采取的行为 A 是基于当前行为策略的, 也就是该行为是与环境进行交互实际使用的行为。在更新"状态-行为对" (S, A) 的价值的循环里, 个体状态 S' 下也依据该行为策略产生了一个行为 A', 该行为在当前循环周期内用来得到"状态-行为对" (S', A') 的价值, 并借此来更新"状态-行为对" (S, A) 的价值, 在下一个循环周期(时间步)内, 状态 S' 和行为 A' 将转换身份为当前状态和当前行为, 该行为将被执行。

在更新行为价值时, 参数 α 是学习速率参数, γ 是衰减因子。当行为策略满足前文所述的 GLIE 特性, 同时学习速率参数 α 满足 $\sum_{t=1}^{\infty} \alpha_t = \infty$, 且 $\sum_{t=1}^{\infty} \alpha_t^2 < \infty$ 时, Sarsa 算法将收敛至最优策略和最优价值函数。

我们使用一个经典环境的、有风的格子世界来解释 Sarsa 算法的学习过程。如图 5.2 所示, 在一个 10×7 的长方形格子世界, 标记一个起始位置 S 和一个目标位置 G, 格子下方的数字表示对应的列中有一定强度的风。当个体进入该列的某个格子时, 会按图中箭头所示的方向自动移动数字表示的格数, 借此来模拟格子世界中设定的风的作用。同样格子世界是有边界的, 个体任意时刻只能处在格子世界内部的一个格子中。个体并不清楚这个格子世界的构造以及存在风的效应, 也就是说它不知道格子是长方形的, 也不知道边界在哪里, 还不知道自己在里面移动一步后下一个格子与之前格子的相对位置关系, 当然它也不清楚起始位置、终止目标的具体位置。但是, 个体会记住曾经经过的格子, 下次在进入这个格子时, 它能准确地辨认出这个格子曾经什么时候来过。个体可以执行的行为是朝上、下、左、右移动一步。现在要求解的问题是个体应该遵循怎样的策略才能尽快从起始位置到达目标位置。

为了用计算机程序解决这个问题, 我们首先要将这个问题用强化学习的语言再描述一遍。这是一个无模型的控制问题, 也就是要在不掌握马尔可夫决策过程的情况下寻找最优策略。环境世界中每一个格子可以用水平和垂直坐标来描述, 如此构成拥有 70 个状态的状态空间 S。行为空间 A 具有 4 个基本行为。环境的动力学特征 (即环境规则) 不被个体掌握, 但个体每执行一个行为就会进入一个新的状态, 该状态由环境告知个体, 但环境不会直接告诉个体该状态的坐标位置。即时奖励是根据任务目标来设定的, 现要求尽快从起始位置移动到目标位置, 我们可以设定每移动一步只要不是进入目标位置就给予一个–1 的惩罚, 直至进入目标位置后获得奖励 0 同时永久停留在该位置。

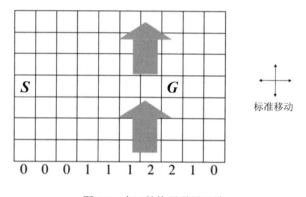

图 5.2 有风的格子世界环境

我们将在编程实践环节给出用 Sarsa 算法解决有风的格子世界问题的完整代码, 这里先给出最优策略为依次采取右、右、右、右、右、右、右、右、右、下、下、下、下、左、左的行为序列。个体找到该最优策略的进度以及最优策略下个体从起始状态到目标状态的行为轨迹如图 5.3 所示。

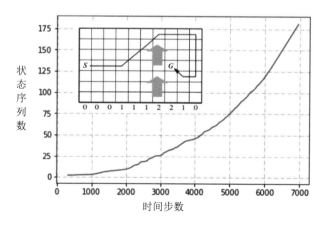

图 5.3 有风的格子世界最优路径和 Sarsa 算法学习曲线

从图 5.3 中可以看出，个体在一开始的几百步甚至上千步都在尝试各种操作而没有完成一次从起始位置到目标位置的学习经历。不过一旦个体找到一次目标位置后，它的学习过程将明显加速，最终找到一条只需要 15 步的最短路径。由于格子世界的构造以及其内部存在风效应的影响，个体两次利用风的影响，先向右并向北漂移，到达最右上角后折返南下再左移才找到这条最短路径。其他路径均比该路径所花费的步数要多。

5.4.2　Sarsa(λ)算法

在前一章，我们学习了 n 步收获，这里类似地引出一个 n 步 Sarsa 的概念。观察表 5.1 中所列的式子。

表 5.1　n 步 Q 收获

n 值	算　　法	n 步收获的计算
1	Sarsa	$q_t^{(1)} = R_{t+1} + \gamma Q(S_{t+1}, A_{t+1})$
2		$q_t^{(2)} = R_{t+1} + \gamma R_{t+2} + \gamma^2 V(S_{t+2}, A_{t+2})$
…	…	…
∞	MC	$q_t^{(\infty)} = R_{t+1} + \gamma R_{t+2} + \cdots + \gamma^{T-1} R_T$

这里的 q_t 对应的是一个"状态-行为对"(s_t, a_t)，表示在某个状态下采取某个行为的价值大小。如果 $n = 1$，就表示"状态-行为对"(s_t, a_t) 的价值 Q 可以用两部分来表示：一部分是离开状态 s_t 得到的即时奖励 R_{t+1}（即即时奖励仅与状态有关，与该状态下采取的行为无关）；另一部分是考虑了衰减因子的"状态-行为对"(s_{t+1}, a_{t+1}) 的价值，即环境给了个体一个后续状态 s_{t+1}，观察在该状态基于当前策略得到的行为 a_{t+1} 时的价值 $Q(s_{t+1}, a_{t+1})$。当 $n = 2$ 时，就向前用 2 步的即时奖励，然后用后续的 $Q(s_{t+2}, a_{t+2})$ 代替。如果 n 趋向于无穷大，就表示一直用带衰减因子的即时奖励计算 Q 值，直至状态序列结束。定义 **n 步 Q 收获**（Q-return）为：

$$q_t^{(n)} = R_{t+1} + \gamma R_{t+2} + \cdots + \gamma^{n-1} R_{t+n} + \gamma^n Q(S_{t+n}, A_{t+n}) \tag{5.5}$$

有了如上定义，可以把 n 步 Sarsa 用 n 步 Q 收获来表示：

$$Q(S_t, A_t) \leftarrow Q(S_t, A_t) + \alpha\left(q_t^{(n)} - Q(S_t, A_t)\right) \tag{5.6}$$

类似于 TD(λ)，可以给 n 步 Q 收获中的每一步收获分配一个权重，并按权重对每一步 Q 收获求和，那么将得到 q_t^λ 收获，它结合了所有 n 步 Q 收获：

$$q_t^\lambda = (1-\lambda)\sum_{n=1}^{\infty} \lambda^{n-1} q_t^{(n)} \tag{5.7}$$

如果使用某一状态的 q_t^λ 收获来更新"状态-行为对"的 Q 值，那么可以表示成如下形式：

$$Q(S_t, A_t) \leftarrow Q(S_t, A_t) + \alpha\left(q_t^{(\lambda)} - Q(S_t, A_t)\right) \tag{5.8}$$

式（5.8）即为 Sarsa(λ)的前视法，使用它更新 Q 价值需要经历完整的状态序列。与 TD(λ)

类似，我们也可以反向理解 Sarsa(λ)。同样引入效用迹（Eligibility Trace，ET），不同的是这次的 E 值针对的不是一个状态，而是一个"状态-行为对"：

$$E_0(s,a) = 0$$
$$E_t(s,a) = \gamma\lambda E_{t-1}(s,a) + 1(S_t = s, A_t = a) \qquad \gamma, \lambda \in [0,1]$$

(5.9)

它体现的是一个结果与某一个或某一些"状态-行为对"的因果关系，表明那些离该结果近的"状态-行为对"和在得到该结果之前那些频繁发生的"状态-行为对"对于得到这个结果的影响最大。

引入 ET 概念之后的 Sarsa(λ)算法中对 Q 值更新的描述如下：

$$\delta_t = R_{t+1} + \gamma Q(S_{t+1}, A_{t+1}) - Q(S_t, A_t)$$
$$Q(s,a) \leftarrow Q(s,a) + \alpha\delta_t E_t(s,a)$$

(5.10)

式（5.10）便是后视法的 Sarsa(λ)，基于后视法的 Sarsa(λ)算法将可以有效地在线学习，数据学习完即可丢弃。

Sarsa(λ)的算法流程如算法 2 所述。

算法 2: Sarsa(λ) 算法

输入: episodes, α, γ

输出: Q

initialize: set $Q(s,a)$ arbitrarily, for each s in $\mathbb{S}$ and a in $\mathbb{A}(s)$; set $Q(\text{terminal state}, \cdot) = 0$

repeat for each episode in episodes

    $E(s,a) = 0$ for each s in $\mathbb{S}$ and a in $\mathbb{A}(s)$

    initialize:

    $S \leftarrow$ first state of episode

    $A = \text{policy}(Q, S)$ (e.g. ϵ-greedy policy)

    repeat for each step of episode

        $R, S' = \text{perform\_action}(S, A)$

        $A' = \text{policy}(Q, S')$ (e.g. ϵ-greedy policy)

        $\delta \leftarrow R + \gamma Q(S', A') - Q(S, A)$

        $E(S, A) \leftarrow E(S, A) + 1$

        for all $s \in \mathbb{S}, a \in \mathbb{A}(s)$ do

            $Q(S, A) \leftarrow Q(S, A) + \alpha\delta E(s, a)$

            $E(s, a) \leftarrow \gamma\lambda E(s, a)$

        end for

        $S \leftarrow S'; A \leftarrow A'$

    until S is terminal state;

until all episodes are visited;

需要提及的是 $E(s,a)$，在每浏览完一个状态序列后需要重新置 0，这体现了效用迹仅在一个状态序列中发挥作用；另外，算法更新 Q 和 E 的时候针对的不是某个状态序列中的 Q 或 E，而是针对个体掌握的整个状态空间和行为空间产生的 Q 和 E。算法为什么这么做，留给读者思考。我们将会在编程实践部分实现 Sarsa(λ)算法。

5.4.3 比较 Sarsa 和 Sarsa(λ)

图 5.4 用格子世界的例子具体解释了 Sarsa 和 Sarsa(λ)算法的区别。假设图 5.4 最左侧描述的路线是个体采取两种算法中的一个所得到的一个完整状态序列的路径,为了下文更方便地描述、解释两个算法之间的区别，先做几个合理的约定：

（1）认定每一步的即时奖励为 0，直到终点处即时奖励为 1。

（2）根据算法，除了终点以外的任何"状态-行为对"的 Q 值都可以在初始时设为任意值，但我们设定所有的 Q 值均为 0。

（3）该路线是个体第一次找到终点的路线。

Sarsa 算法： 由于是同策略学习，刚开始个体对环境一无所知，即所有的 Q 值均为 0，因此它将随机选取移步行为。在到达终点前的每一个位置 S，个体依据当前策略产生一个移步行为，执行该行为，环境会将其放置到一个新位置 S'，同时给予即时奖励 0。在这个新位置上，根据当前的策略它会产生新位置下的一个行为，个体不执行该行为，仅仅在表中查找新状态下新行为的 Q 值。由于 $Q = 0$，依据更新公式，它将把刚才离开的位置以及对应行为的"状态-行为对"的价值 Q 更新为 0。如此直至个体最后到达终点位置 S_G，获得一个即时奖励 1，此时个体会依据公式，更新其到达终点位置前所在位置（暂用 S_H 表示，也就是终点位置下方，向上的箭头所在的位置）采取向上移步的"状态-行为对"的价值 $Q(S_H, A_{up})$，它将不再是 0，这是个体在这个状态序列中唯一一次用非 0 数值来更新 Q 值。这样完成一个状态序列，此时个体已经并且只进行了一次有意义（非零）的行为价值函数的更新；同时依据新的价值函数产生了新的策略。这个策略绝大多数与之前的策略相同，只是当个体处在特殊位置 S_H 时才会有一个近乎确定的向上的移步行为。这里不要误认为 Sarsa 算法只在经历一个完整的状态序列之后才更新，在这个例子中，由于我们的设定，它每走一步都会更新，只是多数时候更新的数据和原来一样罢了。

个体选择的路线	一次 Sarsa 更新后的行为价值的改变	Sarsa(λ)更新后的行为价值的改变（λ=0.9）
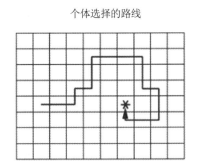	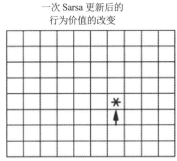	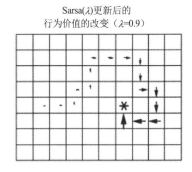

图 5.4　图解 Sarsa 和 Sarsa(λ)算法的区别

此时，如果要求个体继续学习，环境将个体再次放入起点。个体的第二次寻路过程一开始与首次一样都是盲目且随机的，直到其进入终点位置下方的位置 S_H。在这个位置，个体更新的策略将使其有非常大的概率选择向上的移步行为，于是直接进入终点位置 S_G。

同样，经过第二次寻路，个体了解到到达终点下方的位置 S_H 的价值比较大，因为在这个位置直接采取向上的移步行为就可以拿到到达终点的即时奖励。因此，它会将那些通过移动一步就可以到达 S_H 位置的其他位置以及相应的到达该位置所要采取的行为集合所对应的价值进行提升。如此反复，如果采用贪婪策略进行更新，那么个体最终将得到一条到达终点的路径，不过这条路径的倒数第二步永远是在终点位置的下方。如果采用 ϵ 贪婪策略进行更新，那么个体还会尝试到终点位置的左、上、右等其他方向的相邻位置，如果价值也比较大，那么个体每次完成的路径就可能都不一样。通过重复多次搜索，这种实质上有意义的 Q 值更新将覆盖越来越多的"状态-行为对"，个体在早期采取的随机行为的步数将越来越少，直至最终实质性的更新覆盖到起始位置。此时个体将能直接给出一条确定的从起点到终点的路径。

Sarsa(λ)算法：该算法同时还针对每一次状态序列维护一个关于"状态-行为对"(S, A)的E表，初始时E表值均为0。当个体首次在起点S_0决定移动一步A_0（假设向右）时，它被环境告知新位置为S_1，此时发生如下事情：首先，个体会做一个标记，使$E(S_0, A_0)$的值增加1，表明个体刚刚经历过这个事件(S_0, A_0)；其次，它要估计这个事件对于解决整个问题的价值，也就是估计TD误差，依据公式可得到结果为0，说明个体认为在起点处向右走没有什么价值。"没有什么价值"有两层含义：一是说明在S_0处往右对解决问题没有积极的帮助，二是表明个体认为所有能够到达S_0状态的"状态-行为对"的价值没有任何积极或消极的变化。随后，个体将要更新该状态序列中所有已经经历的$Q(S, A)$值，由于存在E值，那些在(S_0, A_0)之前近期发生或频繁发生的(S, A)的Q值将改变得比其他Q值明显些，此外个体还要更新其E值，以备下次使用。对于刚从起点出发的个体，这次更新没有使得任何Q值发生变化，仅仅在$E(S_0, A_0)$处有了一个实质的变化。随后的过程类似，个体的发现就是对路径有一个记忆，体现在E里，具体的Q值没有发生变化。这个情况直到个体到达终点位置时发生改变。此时个体得到了一个即时奖励1，它会发现这一次变化（从S_H采取向上移步行为A_{up}到达S_G）价值明显，它会计算这个TD误差为1，同时告诉整个经历过程中所有的(S, A)，根据它与(S_H, A_{up})的密切关系更新这些"状态-行为对"的价值Q，个体在这个状态序列中经历的所有"状态-行为对"的Q值都将得到一个非0的更新，但是那些在个体到达S_H之前就近发生以及频繁发生的"状态-行为对"的价值提升得更加明显。

在图示的例子中没有显示某一"状态-行为对"频发的情况，如果个体在寻路的过程中绕过一些弯，多次到达同一个位置，并在该位置采取相同的行为，最终到达终止状态，就产生了多次发生的(S, A)，这时的(S, A)价值将会得到较多的提升。也就是说，个体每得到一个即时奖励，就会对所有历史事件的价值进行更新，当然那些与该事件关系紧密的事件价值改变得较为明显。这里的事件指的就是"状态-行为对"。在同一状态采取不同行为就是不同的事件。

当个体重新从起点第二次出发时，它会发现起点处向右走移步的价值不再是0。如果采用贪婪策略进行更新，个体将根据上次经验得到的新策略直接选择向右移步，并且一直按照原路找到终点。如果采用ϵ贪婪策略进行更新，那么个体还会尝试新的路线。为了解释方便，这里做了一些约定，并不要求个体找到最短的一条路径，如果需要寻找最短路径，那么在每一次状态转移时给个体一个负的奖励。

Sarsa(λ)算法在状态每发生一次变化后，都对整个状态空间和行为空间的Q和E值进行更新，而事实上在每一个状态序列中只有个体经历过的"状态-行为对"的E才可能不为0。那么为什么不仅仅对该状态序列涉及的"状态-行为对"进行更新呢？留给读者思考。

5.5 异策略Q学习算法

同策略学习的特点是产生实际行为的策略与更新价值（评价）所使用的策略是同一个策略，而异策略学习（Off-Policy Learning）中产生指导自身行为的策略$\mu(a|s)$与目标策略$\pi(a|s)$

是不同的策略。具体地说，个体通过策略 $\mu(a|s)$ 生成行为与环境发生实际交互，但是在更新这个"状态-行为对"的价值时使用的是目标策略 $\pi(a|s)$。目标策略 $\pi(a|s)$ 多数是已经具备一定能力的策略，例如人类已有的经验或其他个体学习到的经验。异策略学习相当于站在目标策略 $\pi(a|s)$ 的"肩膀"上学习。异策略学习根据是否经历完整的状态序列，可以分为基于蒙特卡罗的异策略和基于 TD 的异策略。基于蒙特卡罗的异策略学习目前认为仅有理论上的研究价值，在实际中应用中用处不大。这里主要讲解常用的异策略 TD 学习。

异策略 TD 学习任务就是使用 TD 方法在目标策略 $\pi(a|s)$ 的基础上更新行为价值，进而优化行为策略：

$$V(S_t) \leftarrow V(S_t) + \alpha \left(\frac{\pi(A_t|S_t)}{\mu(A_t|S_t)} \left(R_{t+1} + \gamma V(S_{t+1}) \right) - V(S_t) \right)$$

对于上式，我们可以这样理解：个体处在状态 S_t 中，基于行为策略 μ 产生了一个行为 A_t，执行该行为后进入新的状态 S_{t+1}，异策略学习要做的事情就是，比较异策略和行为策略在状态 S_t 下产生同样的行为 A_t 的概率的比值，如果这个比值接近 1，说明两个策略在状态 S_t 下采取的行为 A_t 的概率差不多，此次对于状态 S_t 价值的更新同时得到两个策略的支持。如果这一概率比值很小，则表明异策略 π 在状态 S_t 下选择 A_t 的机会要小一些，此时为了从异策略学习，我们认为这一步状态价值的更新不是很符合异策略，因而在更新时打些折扣。类似地，如果这个概率比值大于 1，说明按照异策略，选择行为 A_t 的概率要大于当前行为策略产生 A_t 的概率，此时对该状态的价值更新就可以大胆些。

异策略 TD 学习中一个典型的行为策略 μ 是基于行为价值函数 $Q(s,a)$ 的 ϵ 贪婪策略，异策略 π 则是基于 $Q(s,a)$ 的完全贪婪策略，这种学习方法称为 Q 学习（Q Learning）。

Q 学习的目标是得到最优价值 $Q(s,a)$，在 Q 学习的过程中，t 时刻与环境进行实际交互的行为 A_t 由策略 μ 产生：

$$A_t \sim \mu(\cdot|S_t)$$

其中，策略 μ 是一个 ϵ 贪婪策略。$t+1$ 时刻用来更新 Q 值的行为 A'_{t+1} 由下式产生：

$$A'_{t+1} \sim \pi(\cdot|S_{t+1})$$

其中，策略 π 是一个完全贪婪策略。$Q(S_t, A_t)$ 按下式更新：

$$Q(S_t, A_t) \leftarrow Q(S_t, A_t) + \alpha \left(R_{t+1} + \gamma Q(S_{t+1}, A') - Q(S_t, A_t) \right)$$

其中，TD 目标 $R_{t+1} + \gamma Q(S_{t+1}, A')$ 是基于异策略 π 产生的行为 A' 得到的 Q 值。根据这种价值更新的方式，状态 S_t 依据 ϵ 贪婪策略得到的行为 A_t 的价值，将朝着 S_{t+1} 状态下贪婪策略确定的最大行为价值的方向做一定比例的更新。这种算法能够使个体的行为策略 μ 更加接近贪婪策略，同时保证个体能持续探索并经历足够丰富的新状态，并最终收敛至最优策略和最优行为价值函数。

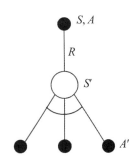

Q 学习算法示意图如图 5.5 所示，具体的行为价值更新公式如下：

图 5.5 Q 学习算法示意图

$$Q(S_t, A_t) \leftarrow Q(S_t, A_t) + \alpha \left(R + \gamma \max_{a'} Q(S_{t+1}, a') - Q(S_t, A_t) \right) \tag{5.11}$$

Q 学习的算法流程如算法 3 所述。

算法 3: Q 学习算法

输入: $episodes, \alpha, \gamma$
输出: Q
initialize: set $Q(s, a)$ arbitrarily, for each s in $\mathbb{S}$ and a in $\mathbb{A}(s)$; set $Q(\text{terminal state}, \cdot) = 0$
repeat for each episode in episodes
   initialize: $S \leftarrow$ first state of episode
   repeat for each step of episode
      $A = \text{policy}(Q, S)$ (e.g. ϵ-greedy policy)
      $R, S' = \text{perform\_action}(S, A)$
      $Q(S, A) \leftarrow Q(S, A) + \alpha \left(R + \gamma \max_a Q(S', a) - Q(S, A) \right)$
      $S \leftarrow S'$
   until S is terminal state;
until all episodes are visited;

这里通过悬崖行走的例子（见图 5.6）简要讲解 Sarsa 算法与 Q 学习算法在学习过程中的差别。任务要求个体从悬崖的一端以尽可能快的速度行走到悬崖的另一端，每多走一步给予 -1 的奖励。

图 5.6　悬崖行走示例

在图 5.6 中，悬崖用灰色的长方形表示，一端是起点 S，另一端是目标终点 G。个体如果坠入悬崖将得到一个非常大的负向奖励（-100）并回到起点 S。从中可以看出最优路线是贴着悬崖上方行走。Q 学习算法可以较快地学习到这个最优策略，但是 Sarsa 算法学到的是与悬崖保持一定距离的安全路线。在两种学习算法中，由于生成行为的策略依然是 ϵ 贪婪策略，因此会偶尔发生坠入悬崖的情况，若 ϵ 贪婪策略中的 ϵ 随经历的增加而逐渐趋于 0，则两种算法都将最后收敛至最优策略。

5.6　编程实践：蒙特卡罗学习求解 21 点游戏的最优策略

在本节的编程实践中，我们将继续使用第 4 章 21 点游戏的例子，只是这次我们要使用基于同策略蒙特卡罗控制的方法来求解 21 点游戏玩家的最优策略。我们把第 4 章编写的 Dealer、Player 和 Arena 类保存至文件 blackjack.py 中，并加载这些类以及其他一些需要的库和方法：

```
from blackjack import Player,Dealer,Arena
from utils import str_key,set_dict,get_dict
from utils import draw_value, draw_policy
from utils import epsilon_greedy_policy
import math
```

目前的 Player 类不具备策略评估和更新策略的能力，我们基于 Player 类编写一个
MC_Player 类，使其具备使用蒙特卡罗控制算法进行策略更新的能力，代码如下：

```
class MC_Player(Player):
    '''具备蒙特卡罗控制能力的玩家'''

    def __init__(self, name = "", A = None, display = False):
        super(MC_Player, self).__init__(name, A, display)
        self.Q = {}         # 某一"状态-行为对"的价值，策略迭代时使用
        self.Nsa = {}       # Nsa 的计数：某一"状态-行为对"出现的次数
        self.total_learning_times = 0
        self.policy = self.epsilon_greedy_policy    # 贪婪策略
        self.learning_method = self.learn_Q         # 有了自己的学习方法

    def learn_Q(self, episode, r):                  # 从状态序列来学习 Q 值
        '''从一个状态序列（Episode）学习'''
        for s, a in episode:
            nsa = get_dict(self.Nsa, s, a)
            set_dict(self.Nsa, nsa+1, s, a)
            q = get_dict(self.Q, s,a)
            set_dict(self.Q, q+(r-q)/(nsa+1), s, a)
        self.total_learning_times += 1

    def reset_memory(self):
        '''忘记既往学习经历'''
        self.Q.clear()
        self.Nsa.clear()
        self.total_learning_times = 0

    def epsilon_greedy_policy(self, dealer, epsilon = None):
        '''这里的贪婪策略是带有状态序列参数的'''
        player_points, _ = self.get_points()
        if player_points >= 21:
            return self.A[1]
        if player_points < 12:
            return self.A[0]
```

```
else:
    A, Q = self.A, self.Q
    s = self.get_state_name(dealer)
    if epsilon is None:
        #epsilon = 1.0/(self.total_learning_times+1)
        #epsilon = 1.0/(1+math.sqrt(1+player.total_learning_times))
        epsilon = 1.0/(1+4*math.log10(1+player.total_learning_times))
    return epsilon_greedy_policy(A, s, Q, epsilon)
```

这样，MC_Player 类就具备了学习 Q 值的方法和一个 ϵ 贪婪策略。接下来我们使用 MC_Player 类来生成对局，庄家的策略仍然不变。

```
A = ["继续叫牌", "停止叫牌"]
display = False
player = MC_Player(A = A, display = display)
dealer = Dealer(A = A, display = display)
arena = Arena(A = A, display=display)
arena.play_games(dealer=dealer,player=player,num=200000,show_statistic=True)
# 输出结果类似如下形式：
# 100%|███████████████| 200000/200000 [00:25<00:00, 7991.15it/s]
# 共玩了 200000 局，玩家赢 85019/和 15790/输 99191，胜率：0.43，不输率:0.50
```

MC_Player 学习到的行为价值函数和最优策略可以使用下面的代码绘制：

```
draw_value(player.Q, useable_ace = True, is_q_dict=True, A = player.A)
draw_policy(epsilon_greedy_policy, player.A, player.Q,\
            epsilon = 1e-10, useable_ace = True)
draw_value(player.Q, useable_ace = False, is_q_dict=True, A = player.A)
draw_policy(epsilon_greedy_policy, player.A, player.Q,\
            epsilon = 1e-10, useable_ace = False)
```

绘制结果如图 5.7 所示。在策略图中，深色部分（上半部）为"停止叫牌"，浅色部分（下半部）为"继续叫牌"。基于第 4 章介绍的 21 点游戏规则，迭代 20 万次后得到的贪婪策略为：当玩家手中有"可用的牌 A"时，牌点数达到 17 点，仍可选择叫牌；当玩家手中没有"可用的牌 A"时，若庄家的明牌在 2~7 点则最好停止叫牌，若庄家的明牌为 A 或者超过 7 点则可以选择继续叫牌直至手中的牌点数到达 16 为止。训练次数并不多，因此策略图中还有一些零星的散点。

可以编写代码生成一些对局的详细数据，观察具备 MC 控制能力的玩家的行为策略。

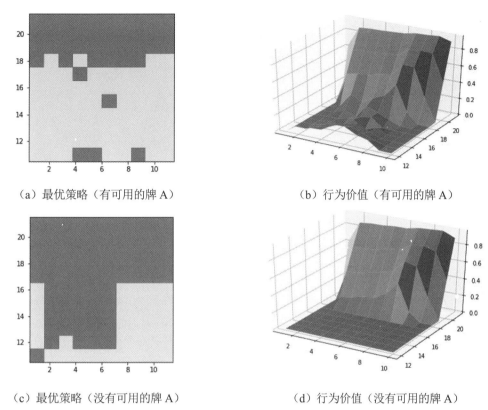

（a）最优策略（有可用的牌 A）   （b）行为价值（有可用的牌 A）

（c）最优策略（没有可用的牌 A）   （d）行为价值（没有可用的牌 A）

图 5.7　21 点游戏蒙特卡罗控制学习结果（20 万次迭代）

5.7　编程实践：构建基于 gym 的有风的格子世界及个体

强化学习讲究个体与环境的交互，聚焦于如何提高个体在与环境交互中的智能水平。我们在进行编程实践时需要实现这些算法。为了验证这些算法的有效性，需要有相应的环境。我们既可以自己编写环境，像前面介绍的 21 点游戏那样，也可以借助一些别人编写的环境，把重点放在个体学习算法的实现上。本节将向大家介绍一个出色的基于 Python 的强化学习库（gym 库），随后编写一个具备记忆功能的个体基类，为 5.8 节编写个体的各种学习算法做准备。

5.7.1　gym 库简介

gym 库提供了一整套编程接口和丰富的强化学习环境，同时还提供了可视化功能，方便观察个体的训练结果。该库的核心在 core.py 文件中，定义了两个最基本的 Env 类和 Space 类。前者是所有环境类的基类，后者是所有空间类的基类。从 Space 基类派生出几个常用的空间类，其中最主要的是 Discrete 类和 Box 类。前者对应于一维离散空间，后者对应于多维连续空间。它们既可以应用在行为空间中，也可以用来描述状态空间。例如，描述第 3 章提到的 4×4 的格子世界，一共有 16 个状态，每个状态只需要用一个数字来描述即可，也就是说把这个问题的状态空间用 Discrete(16) 对象来描述就可以了，对应的行为空间可用 Discrete(4) 来描述。

gym 库的 Env 类包含如下几个关键的变量和方法：

```
class Env(object):
    # Set these in ALL subclasses
    action_space = None
    observation_space = None
    # Override in ALL subclasses
    def step(self, action): raise NotImplementedError
    def reset(self): raise NotImplementedError
    def render(self, mode= 'human', close = False):
    return def seed(self, seed = None): return []
```

Env 类是所有环境类的基类，只是定义了环境应该具备的属性和功能，具体的环境类需要重写（Override）这些方法以完成特定的功能。其中：

- step()方法是最核心的方法，定义环境的动力学，确定个体的下一个状态、奖励信息、个体是否到达终止状态，以及一些额外的信息。其中，个体的下一个状态、奖励信息、个体是否到达终止状态是可以被个体用来进行强化学习训练的。
- reset()方法用于重置环境，需要将个体的状态重置为初始状态并进行其他可能的一些初始化设置。环境应在个体与其交互前调用此方法。
- seed()设置一些随机数的种子。
- render()负责一些可视化工作。如果需要将个体与环境的交互以动画的形式展示出来，就要重写该方法。简单的 UI 设计可以用 gym 包装好的 pyglet 方法来实现，这些方法在 rendering.py 文件中定义。具体如何使用这些方法进行 UI 绘制，则需要了解基本的 OpenGL 编程思想和接口，这里就不展开了。

在知道 Env 类的主要接口后，可以按照其接口规范编写自己的环境类用于个体训练。要使用 gym 库提供的功能，需要导入 gym 库：

```
import gym  # 导入 gym 库
```

生成一个 gym 库内置的环境对象可以使用下面的代码：

```
env = gym.make("registered_env_name")  # 参数为注册了的环境名称
```

如果是使用自己编写的环境类，则可以像正常生成对象一样：

```
env = MyEnvClassName()
```

个体在与 gym 环境进行交互时，最重要的一句代码是：

```
state, reward, is_done, info = env.step(a)
```

在这句代码中，作为环境类的对象 env 执行了 step(a)方法，方法的参数 a 是个体在当前状态时依据行为策略得到的行为。环境对象的 step(a)方法返回由 4 个元素组成的元组，依次代表个体的下一个状态 state、获得的即时奖励 reward、是否到达终止状态 is_done 以及一个信息对象 info。个体可以利用前 3 个元素的信息来进行训练，info 对象则仅提供给编程者调试使用。

我们已经编写了一个符合 gym 环境基类接口的格子世界环境类，并在此基础上实现了有风的格子世界环境、悬崖行走、随机行走等各种环境。为了节约篇幅，这里不再讲解格子世界的详细实现过程，有兴趣的读者可以参考本书附带的源代码。

5.7.2　状态序列的管理

个体与环境进行交互时会生成一个或多个甚至大量的状态序列，如何管理好这些状态序列是编程实践环节一个比较重要的任务。状态序列是时间序列，在每一个时间步上个体与环境交互的信息包括个体的状态（S_t）、采取的行为（A_t）、上一个行为得到的奖励 R_{t+1} 这 3 个方面。描述一个完整的状态转换还应包括两个信息：下一时刻个体的状态（S_{t+1}）和下一时刻的状态是否是终止状态（is_end）。多个相邻的状态转换构成了一个状态序列。多个完整的状态序列形成了个体的整体记忆，用 Memory 或 Experience 表示。通常一个个体的记忆容量不是无限的，在记忆的容量用满的情况下，如果个体需要记录新发生的状态序列，可以选择忘记最早期的一些状态序列。

在强化学习的个体训练中，如果使用 MC 学习算法，则需要学习完整的序列；如果使用 TD 学习，则最小的学习单位是一个状态转换。许多常用的 TD 学习算法刻意选择不连续的状态转换学习方式，以此来降低 TD 学习在一个序列中的偏差。在这种情况下是否把状态转换按时间次序以状态序列的形式进行管理就显得不那么重要了，这里为了解释一些 MC 学习类算法，仍然采取使用状态序列这一中间形式来管理个体的记忆。

基于上述考虑，我们依次设计 Transition 类、Episode 类和 Experience 类来综合管理个体与环境交互时产生的多个状态序列。限于篇幅，这里不介绍具体的实现代码，仅列出这些类中一些重要的属性和方法：

```python
# 此段代码是不完整的代码，完整代码请参阅本书附带的源代码
class Transition(object):
    def __init__(self, s0, a0, reward:float, is_done:bool, s1):
        self.data = [s0, a0, reward, is_done, s1]
    # ...



class Episode(object):
    def __init__(self, e_id:int = 0) -> None:
        self.total_reward = 0        # 获得总奖励值
        self.trans_list = []         # 状态转移列表
        self.name = str(e_id)
        # 可以给状态序列（Episode）起个名字："成功闯关，黯然失败？"

    def push(self, trans:Transition) -> float:
        '''将一个状态转换送入状态序列中，返回该序列当前的总奖励值'''
        # ...


    @property
```

```
    def len(self):
        return len(self.trans_list)


    def is_complete(self) -> bool:
        '''判断当前状态序列是否是一个完整的状态序列'''
        # ...


    def sample(self, batch_size = 1):
        '''从当前状态序列中随机产生一定数量不连续的状态转换'''
        # …




class Experience(object):
    def __init__(self, capacity:int = 20000):
        self.capacity = capacity          # 容量：指的是状态转换（trans）的总数量
        self.episodes = []                # 状态序列（episode）列表
        self.total_trans = 0              # 总的状态转换数量


    def _remove_first(self):
        '''删除第一个（最早的）状态序列'''
        # ...


    def push(self, trans):
        '''记住一个状态转换，根据当前状态序列是否已经完整来将 trans 加入现有状态序列
           还是开启一个新的状态序列'''
        # ...


    def sample(self, batch_size=1):
        '''随机从经历中产生一定数量不连续的状态转换'''
        # ...


    def sample_episode(self, episode_num = 1):
        '''从经历中随机获取一定数量的完整状态序列'''
        # ...


    @property
    def last_episode(self):
        '''得到当前最新的一个状态序列'''
        #...
```

5.7.3　个体基类的编写

我们把重点放在编写一个描述个体的基类（Agent）上，为后续实现各种强化学习算法提

供一个基础。这个基类符合 gym 库的接口规范，具备个体最基本的功能，同时希望个体具有一定容量的记忆功能，能够记住曾经经历过的一些状态序列。我们还希望个体在学习时能够记住一些学习过程，便于分析个体的学习效果等。有了个体基类之后，在讲解一个具体强化学习算法时仅需实现特定的方法即可。

在第 1 章讲解强化学习初步概念时，已对个体类进行了一个初步的建模，这次要构建的是符合 gym 接口规范的 Agent 基类，其中一个最基本的要求是个体类的对象在构造时接受环境对象作为参数，内部也创建一个成员变量引用这个环境对象。在我们设计的个体基类中，它的成员变量包括对环境对象的应用、状态和行为空间、与环境交互产生的经历、当前状态等。

此外对于个体来说，还应具备的能力有遵循策略产生一个行为、执行一个行为与环境交互、采用什么学习方法、具体如何学习，其中最关键的是个体执行行为与环境进行交互的方法。下面的代码实现了我们的需求。

```python
class Agent(object):
    '''个体基类，没有学习能力
    '''
    def __init__(self,env:Env=None, capacity = 10000):
        # 保存一些个体（Agent）可以观测到的环境信息以及已经学到的经验
        self.env = env    # 建立对环境对象的引用
        self.obs_space = env.observation_space if env is not None else None
        self.action_space=env.action_space if env is not None else None
        if type(self.obs_space) in [gym.spaces.Discrete]:
            self.S = [str(i) for i in range(self.obs_space.n)]
            self.A = [str(i) for i in range(self.action_space.n)]
        else:
            self.S, self.A = None, None
        self.experience = Experience(capacity = capacity)
        # 有一个变量记录个体 agent 当前的状态 state 相对来说还是比较方便的，
        # 要注意对该变量的维护和更新
        self.state = None    # 个体的当前状态

    def policy(self, A, s = None, Q = None, epsilon = None):
        '''均匀随机策略'''
        return random.sample(self.A,k=1)[0]

    def perform_policy(self, s, Q = None, epsilon = 0.05):
        action = self.policy(self.A, s, Q, epsilon)
        return int(action)

    def act(self, a0):
        s0 = self.state
        s1, r1, is_done, info = self.env.step(a0)
        trans = Transition(s0, a0, r1, is_done, s1)
        total_reward = self.experience.push(trans)
```

```
        self.state = s1
        return s1, r1, is_done, info, total_reward

    def learning_method(self,lambda_ = 0.9, gamma = 0.9, alpha = 0.5,
                        epsilon = 0.2, display = False):
        '''这是一个没有学习能力的学习方法
        具体针对某算法的学习方法，返回值需要是一个二维元组：(一个状态序列的时间步、
        该状态序列的总奖励值)'''
        self.state = self.env.reset()
        s0 = self.state
        if display:
            self.env.render()
        a0 = self.perform_policy(s0, epsilon)
        time_in_episode, total_reward = 0, 0
        is_done = False
        while not is_done:
            s1, r1, is_done, info, total_reward = self.act(a0)
            if display:
                self.env.render()
            a1 = self.perform_policy(s1, epsilon)
            s0, a0 = s1, a1
            time_in_episode += 1
        if display:
            print(self.experience.last_episode)
        return time_in_episode, total_reward


    def learning(self, lambda_ = 0.9, epsilon = None,
                 decaying_epsilon = True, gamma = 0.9,
                 alpha = 0.1, max_episode_num = 800, display = False):
        total_time, episode_reward, num_episode = 0,0,0
        total_times, episode_rewards, num_episodes = [], [], []
        for i in tqdm(range(max_episode_num)):
            if epsilon is None:
                epsilon = 1e-10
            elif decaying_epsilon:
                epsilon = 1.0 / (1 + num_episode)
            time_in_episode,episode_reward = self.learning_method(
                        lambda_= lambda, gamma=gamma, alpha=alpha,
                        epsilon=epsilon, display=display)
            total_time += time_in_episode
            num_episode += 1
            total_times.append(total_time)
            episode_rewards.append(episode_reward)
```

```
        num_episodes.append(num_episode)
     # self.experience.last_episode.print_detail()
     return total_times, episode_rewards, num_episodes

 def sample(self, batch_size = 64):
     '''随机取样'''
     return self.experience.sample(batch_size)

 @property
 def total_trans(self):
 '''得到Experience里记录的状态转换总数'''
 return self.experience.total_trans

 def last_episode_detail(self):
     self.experience.last_episode.print_detail()
```

不难看出 Agent 类的策略是最原始的均匀随机策略，不具备学习能力，不过已经具备了与 gym 环境进行交互的能力。该个体不具备学习能力，可以编写如下代码来观察均匀随机策略下个体在有风的格子世界里的交互情况：

```
# 测试个体基类和有风的格子世界环境
import gym
from gym import Env
from gridworld import WindyGridWorld     # 导入有风的格子世界环境
from core import Agent                   # 导入个体基类

env = WindyGridWorld()                    # 生成有风的格子世界环境对象
env.reset()                               # 重置环境对象
env.render()                              # 显示环境对象可视化界面
agent=Agent(env,capacity=10000)           # 创建个体 Agent 对象
data=agent.learning(max_episode_num=180,display=False)
# env.close()                             # 关闭可视化界面
```

运行上述代码将显示如图 5.8 所示的一个有风的格子世界交互界面。图中多数格子用粉红色绘制（因为本书黑白印刷，读者看到的应该为灰色），表示个体在离开该格子时将获得-1 的即时奖励，白色的格子对应的即时奖励为 0；有黑色边框的格子是个体的起始状态，黑色边框的白色格子是终止状态，个体用小圆形来表示。风的效果并未反映在可视化界面上，但它将实实在在地影响个体采取一个行为后的后续状态（位置）。

由于可视化交互在进行多次尝试时浪费计算资源，因此我们在随后进行 180 次的尝试期间选择不显示个体的动态活动。其 180 次的交互信息存储在对象 data 内。图 5.9 是依据 data 绘制的该个体与环境交互产生的状态序列时间步数与状态序列次数的关系图,从中可以看出个体最多用三万多步才完成一个完整的状态序列。

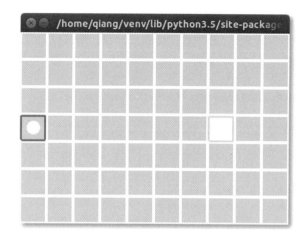

图 5.8 有风的格子世界环境的可视化界面

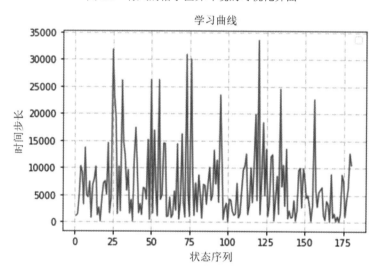

图 5.9 均匀随机策略的个体在有风的格子世界环境中的表现

要让个体具备学习能力需要改写策略方法 policy 以及学习方法 learning_method。5.8 节将详细介绍不同学习算法的实现并观察它们在有风的格子世界中的交互效果。

5.8 编程实践：各类学习算法的实现及与有风的格子世界的交互

在本节的编程实践中，我们将使用自己编写的有风的格子世界环境类，在 Agent 基类的基础上分别建立具有 Sarsa 学习、Sarsa(λ)学习和 Q 学习能力的 3 个个体子类，分别实现其策略方法以及学习方法。

对于这 3 类学习算法要用到贪婪策略或 ε 贪婪策略，由于我们计划使用字典来存储行为价值函数的数据，还会用到之前编写的根据状态生成键以及读取字典的方法，因此在本节中将这些方法放在一个名为 utls.py 的文件中，有风的格子世界环境类的实现代码在 gridworld.py 文件中，个体基类的实现代码在 core.py 中。将这 3 个文件存放在当前工作目录下。下面的代码将从这些文件中导入要使用的类和方法：

```python
from random import random, choice
from core import Agent
from gym import Env
import gym
from gridworld
import WindyGridWorld, SimpleGridWorld
from utils import str_key, set_dict, get_dict
from utils import epsilon_greedy_pi, epsilon_greedy_policy
from utils import greedy_policy, learning_curve
```

5.8.1　Sarsa 算法

本章前文中的算法 1 给出了 Sarsa 算法的流程，依据流程不难得到如下实现代码：

```python
class SarsaAgent(Agent):
    def __init__(self, env:Env, capacity:int = 20000):
        super(SarsaAgent, self).__init__(env, capacity)
        self.Q = {}        # 增加 Q 字典存储行为价值

    def policy(self, A, s, Q, epsilon):
        '''使用 epsilon 贪婪策略'''
        return epsilon_greedy_policy(A,s,Q,epsilon)

    def learning_method(self, gamma=0.9, alpha=0.1, epsilon=1e-5,
                        display=False, lambda_=None):
        self.state=self.env.reset()
        s0 = self.state
        if display:
            self.env.render()
        a0 = self.perform_policy(s0, self.Q, epsilon)
        # print(self.action_t.name)
        time_in_episode, total_reward = 0, 0
        is_done = False
        while not is_done:
            s1, r1, is_done, info, total_reward = self.act(a0)
            if display:
                self.env.render()
            a1 = self.perform_policy(s1, self.Q, epsilon)
            old_q = get_dict(self.Q, s0, a0)
            q_prime = get_dict(self.Q, s1, a1)
            td_target = r1 + gamma * q_prime
```

```
            new_q = old_q + alpha * (td_target - old_q)
            set_dict(self.Q, new_q, s0, a0)
            s0, a0 = s1, a1
            time_in_episode += 1
        if display:
            print(self.experience.last_episode)
        return time_in_episode, total_reward
```

5.8.2 Sarsa(λ)算法

本章前文中的算法 2 给出了 Sarsa(λ)算法的流程，依据流程不难得到如下实现代码：

```
class SarsaLambdaAgent(Agent):
    def __init__(self, env:Env, capacity:int = 20000):
        super(SarsaLambdaAgent, self).__init__(env, capacity)
        self.Q = {}

    def policy(self, A, s, Q, epsilon):
        return epsilon_greedy_policy(A, s, Q, epsilon)

    def learning_method(self,lambda_=0.9,gamma=0.9,alpha=0.1,
                        epsilon=1e-5, display = False):
        self.state=self.env.reset()
        s0=self.state
        if display:
            self.env.render()
        a0 = self.perform_policy(s0, self.Q, epsilon)
        # print(self.action_t.name)
        time_in_episode, total_reward = 0,0
        is_done = False
        E = {} # 效用值
        while not is_done:
            s1, r1, is_done, info, total_reward = self.act(a0)
            if display:
                self.env.render()
            a1 = self.perform_policy(s1, self.Q, epsilon)
            q = get_dict(self.Q, s0, a0)
            q_prime = get_dict(self.Q, s1, a1)
            delta=r1 + gamma * q_prime - q

            e = get_dict(E,s0,a0)
            e += 1
            set_dict(E, e, s0, a0)
```

```
            for s in self.S:        # 对所有可能的 Q(s,a)进行更新
                for a in self.A:
                    e_value = get_dict(E, s, a)
                    old_q = get_dict(self.Q, s, a)
                    new_q = old_q + alpha*delta*e_value
                    new_e = gamma*lambda_*e_value
                    set_dict(self.Q, new_q, s, a)
                    set_dict(E, new_e, s, a)

        s0, a0 = s1, a1
        time_in_episode += 1
    if display:
        print(self.experience.last_episode)
    return time_in_episode, total_reward
```

5.8.3　Q 学习算法

本章前文中的算法 3 给出了 Q 学习算法的流程，依据流程不难得到如下实现代码：

```
class QAgent(Agent):
    def __init__(self, env:Env, capacity:int = 20000):
        super(QAgent, self).__init__(env, capacity)
        self.Q = {}

    def policy(self, A, s, Q, epsilon):
        return epsilon_greedy_policy(A, s, Q, epsilon)

    def learning_method(self, gamma=0.9, alpha=0.1,
                        epsilon=1e-5, display=False, lambda_=None):
        self.state=self.env.reset()
        s0 = self.state
        if display:
            self.env.render()
        time_in_episode, total_reward=0, 0
        is_done = False
        while not is_done:
            self.policy = epsilon_greedy_policy        # 行为策略
            a0 = self.perform_policy(s0, self.Q, epsilon)
            s1, r1, is_done, info, total_reward=self.act(a0)
            if display:
                self.env.render()
            self.policy = greedy_policy
            a1 = greedy_policy(self.A, s1, self.Q)    # 异策略
            old_q = get_dict(self.Q, s0, a0)
            q_prime = get_dict(self.Q, s1, a1)
```

```
        td_target = r1 + gamma * q_prime
        new_q=old_q+alpha * (td_target - old_q)
        set_dict(self.Q, new_q, s0, a0)
        s0 = s1
        time_in_episode += 1


    if display:
        print(self.experience.last_episode)
    return time_in_episode, total_reward
```

可借鉴 Agent 基类与环境交互的代码来实现拥有各种不同学习能力的子类与有风的格子世界进行交互的代码，体会 3 种学习算法的区别。以 Sarsa(λ)算法为例，下面的代码将实现与有风的格子世界环境的交互：

```
env=WindyGridWorld()
agent=SarsaLambdaAgent(env, capacity = 100000)
statistics = agent.learning(lambda_ = 0.8, gamma = 1.0, epsilon = 0.2,\
    decaying_epsilon=True, alpha=0.5, max_episode_num=800, display=False)
```

如果对个体行为的可视化表现感兴趣，可以将 learning 方法内的参数 display 设置为 True。下面的代码将可视化展示出个体两次完整的交互经历：

```
agent.learning(max_episode_num = 2, display = True)
```

需要指出的是这 3 种学习算法在完成第一个完整状态序列时可能会花费较长的时间步数，特别是对于 Sarsa(λ)算法来说，由于在每一个时间步都要做大量的计算工作，因此花费的计算资源更多，该算法的优势是在线实时学习。

gridworld.py 中提供了悬崖行走环境 CliffWalk 类，可以直接使用这 3 个 Agent 类来观察比较它们在悬崖行走环境中的表现。

第6章 价值函数的近似表示

本章之前的内容介绍的多是状态数不多、规模比较小的强化学习问题,生活中有许多实际问题要复杂得多,有些问题的状态数量巨大或者具有连续的状态,有些问题可选择的行为数量很多或者具有连续的行为。这些问题如果使用前几章介绍的基本算法求解,效率则会很低,甚至无法进行较好的求解。本章内容侧重于求解那些状态数量众多或者具有连续状态的强化学习问题。

解决这类问题的常用方法是,不再使用字典之类的查表式方法来存储状态或行为的价值,而是引入有限个适当的参数来恰当描述状态的特征,构建一定的基于特征的函数来近似计算状态或行为价值。这种设计的好处是不需要存储每一个状态或行为价值的数据,而只需要存储有限个特征参数和函数设计就够了,其优点是显而易见的。

在引入近似价值函数后,在强化学习中不管是预测问题还是控制问题,就转变成了两个问题:设计近似函数和求解近似函数的参数。函数近似主要分为线性函数近似和非线性近似两类,其中非线性近似的主流设计是使用深度神经网络技术。神经网络参数值可按照一般训练神经网络的流程(建立合适的目标函数、选择合适的优化算法和中止训练算法、准备训练数据集、训练网络等)来求解。由此诞生了著名的强化学习算法:深度 Q 学习网络(DNQ)。本章将详细讲解这些问题。

6.1 价值近似的意义

第 5 章介绍的几个强化学习算法都属于查表式(Table Lookup)算法,其特点在于每一个状态或行为价值都用一个独立的数据进行存储,整体像一张大表格一样。在编程实现中多使用字典这种数据结构,我们通过查字典的方式来获取状态和行为的价值。这种算法的设计对于状态或行为数量比较少的问题是快速有效的。例如,在上一章所描述的有风的格子世界环境中,每一个小格子代表一个状态,一共有 70 个状态,而个体的行为只有标准的 4 个移步行为,总体上也只有 280 个价值数据,可以说规模相当小。

参考图 6.1,我们来说明一个比较经典的冰球世界(PuckWorld)强化学习问题。环境由一个正方形区域构成,代表冰球场地,场地内的大圆代表运动员个体、小圆代表目标冰球。在这个正方形环境中,小圆会每隔一定的时间随机改变它在场地的位置,而代表个体的大圆的任务是尽可能快地接近冰球目标。大圆可以操作的行为是在水平和垂直共 4 个方向上,在一个时间步长内施加一定大小和方向的力,借此来改变大圆的速度。环境会在每一个时间步内告诉个体(大圆)当前的水平与垂直坐标、当前的速度在水平和垂直方向上的分量以及目标冰球(小圆)的水平和垂直坐标共 6 项数据,同时确定奖励值为个体与目标两者中心距离的负数,也就是距离越大奖励值越低且最高奖励值为 0。

图 6.1　PuckWorld 环境界面

如果打算用强化学习的算法来求解，那么其中一个重要的问题就是如何描述作为大圆的个体在环境中的状态。根据描述，环境给予的状态空间有 6 个特征，每一个特征都是连续的变量。如果把正方形场地的边长认为是单位值 1，那么描述个体水平坐标的特征值可以是 0 和 1 之间的所有连续变量，其他 5 个特征也类似。如果一定要采取查表式的方法确定每一个"状态-行为对"的价值，那么只能将每一个特征进行分割，例如将 0~1 平均分为 100 等份，当个体的水平坐标位于这 100 个区间的某一区间内时，其水平坐标的特征值相同。这种近似的求解方式看似有效，但存在一个问题：多少等份才合理呢？分割得越细，结果势必越准确，但带来状态的数量势必要增大很多。即使每一个特征都分割成 100 等份的区间，对于一共有 6 个特征的状态空间和 4 个离散行为的行为空间来说，也需要 $100^6 \times 4 = 4 \times 10^{12}$ 个数据来描述行为价值，如果每个数据用 1 个字节表示，则一共需要 3726GB 的内存容量，这无疑是不现实的。如果分割的区间数较少，那么问题有可能得不到较好的求解结果。假设你拥有一台容量足够的计算机能使用查表法求解上述问题，如果仔细查看表中的数据，我们就会发现表中特征比较接近的那些众多"状态-行为对"其对应的价值也比较接近，这无疑不是经济、高效的求解办法。

如果能建立一个函数 $\hat{v}$，这个函数由参数 w 描述，它可以直接接受表示状态特征的连续变量 s 作为输入，计算得到一个状态的价值，通过调整参数 w 的取值使其符合基于某一策略 π 的最终状态价值，那么这个函数就是状态价值 $v_\pi(s)$ 的近似表示。

$$\hat{v}(s, w) \approx v_\pi(s)$$

类似地，如果由参数 w 构成的函数 $\hat{q}$ 同时接受状态变量 s 和行为变量 a，计算输出一个行为价值，通过调整参数 w 的取值，使其符合基于某一策略 π 的最终行为价值，那么这个函数就是行为价值 $q_\pi(s, a)$ 的近似表示。

$$\hat{q}(s, a, w) \approx q_\pi(s, a)$$

此外，由参数构成的函数仅接受状态变量作为输入，计算输出针对行为空间的每一个离散行为的价值，这是另一种行为价值的近似表示。

在上面的公式中，描述状态的 s 不再是一个字符串或者一个索引，而是由一系列的数据组成的向量，构成向量的每一项称为状态的一个特征，该项的数据值称为特征值；参数 $\boldsymbol{w}$ 需要通过求解来确定，通常也是一个向量（或矩阵、张量等）。图 6.2 直观地显示了上述 3 种价值近似表示的特点。

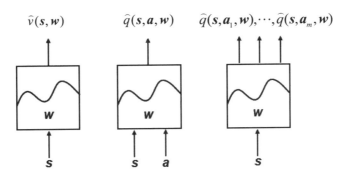

图 6.2　3 种不同类型的价值函数架构

构建了价值函数的近似表示后，强化学习中的预测和控制问题就转变为求解近似价值函数的参数 $\boldsymbol{w}$ 了。通过建立目标函数，使用梯度下降联合多次迭代的方式可以求解参数 $\boldsymbol{w}$。

6.2　目标函数与梯度下降

6.2.1　目标函数

先来回顾一下第 5 章中介绍的几个经典学习算法得到最终价值的思想，首先是随机初始化各价值，通过分析每一个时间步长内产生的状态转换数据，得到一个当前状态的目标价值，这个目标价值由即时奖励和后续价值共同来体现。由于学习过程中的各价值都是不准确的，因此在更新价值的时候只是沿着目标价值的方向做一个很小幅度（α）的更新：

$$Q(S,A) \leftarrow Q(S,A) + \alpha\left(R + \gamma Q(S',A') - Q(S,A)\right)$$

不同算法的差别体现在目标值 $R + \gamma Q(S',A')$ 的选取上。试想一下，如果价值函数最终收敛而不再更新，就意味着对任何状态或"状态-行为对"，其目标值与价值相同。对于预测问题，收敛得到的 Q 就是基于某策略的最终价值函数；对于控制问题，收敛得到的价值函数同时也对应着最优策略。

现在把上式中的所有 $Q(S,A)$ 用 $\hat{Q}(S,A,\boldsymbol{w})$ 代替，就变成了基于近似价值函数的价值更新方法：

$$\hat{Q}(S,A,\boldsymbol{w}) \leftarrow \hat{Q}(S,A,\boldsymbol{w}) + \alpha\left(R + \gamma\hat{Q}(S',A',\boldsymbol{w}) - \hat{Q}(S,A,\boldsymbol{w})\right)$$

假设现在我们已经找到了参数使得价值函数收敛而不再更新，那么意味着下式成立：

$$\hat{Q}(S,A,\boldsymbol{w}) = R + \gamma\hat{Q}(S',A',\boldsymbol{w})$$

同时意味着找到了基于某策略的最终价值函数或者控制问题中的最优价值函数。事实上，很难找到完美的参数 w 使得上式完全成立。另外，由于算法是基于采样数据的，即使上式对于采样得到的状态转换成立，也很难对所有可能的状态转换成立。为了衡量在采样产生的 M 个状态转换上近似价值函数的收敛情况，可以定义目标函数 $J(w)$ 为：

$$J(w) = \frac{1}{2M} \sum_{k=1}^{M} \left[\left(R_k + \gamma \hat{Q}(S_k', A_k', w) \right) - \hat{Q}(S_k, A_k, w) \right]^2 \tag{6.1}$$

在式（6.1）中，M 为采样得到的状态转换的总数。近似价值函数 $\hat{Q}(S, A, w)$ 收敛意味着 $J(w)$ 逐渐减小。$J(w)$ 的定义使得它不可能是负数，同时存在一个极小值 0。目标函数 J 也称为代价函数（Cost Function）。如果只有一个 t 时刻的状态转换，则通常称为损失（Loss）。定义损失函数 loss(w) 为：

$$\text{loss}(w) = \frac{1}{2} \left[\left(R_t + \gamma \hat{Q}(S_t', A_t', w) \right) - \hat{Q}(S_t, A_t, w) \right]^2 \tag{6.2}$$

以上是我们从得到的最终结果出发，以 TD 学习、行为价值为例设计的目标函数。对于 MC 学习，使用收获值代替目标价值：

$$J(w) = \frac{1}{2M} \sum_{t=1}^{M} \left[G_t - \hat{V}(S_t, w) \right]^2$$

$$J(w) = \frac{1}{2M} \sum_{t=1}^{M} \left[G_t - \hat{Q}(S_t, A_t, w) \right]^2 \tag{6.3}$$

对于 TD(0) 和后视法的 TD(λ) 学习来说，使用 TD 目标值代替目标价值：

$$J(w) = \frac{1}{2M} \sum_{t=1}^{M} \left[R_t + \gamma \hat{V}(S_t', w) - \hat{V}(S_t, w) \right]^2$$

$$J(w) = \frac{1}{2M} \sum_{t=1}^{M} \left[R_t + \gamma \hat{Q}(S_t', A_t', w) - \hat{Q}(S_t, A_t, w) \right]^2 \tag{6.4}$$

对于前视法的 TD(λ) 学习来说，使用 G^λ 或 q^λ 代替目标价值：

$$J(w) = \frac{1}{2M} \sum_{t=1}^{M} \left[G_t^\lambda - \hat{V}(S_t, w) \right]^2$$

$$J(w) = \frac{1}{2M} \sum_{t=1}^{M} \left[q_t^\lambda - \hat{Q}(S_t, A_t, w) \right]^2 \tag{6.5}$$

如果对预测问题事先存在基于某一策略的最终价值函数 $V_\pi(S)$ 或 $Q_\pi(S, A)$，或者对于控制问题存在最优价值函数 $V_*(S)$ 或 $Q_*(S, A)$，那么可以使用这些价值来代替上式中的目标价值，这里集中使用 V_{target} 或 Q_{target} 来代表目标价值，如果使用期望值代替平均值的方式，那么目标价值的表述公式为：

$$J(w) = \frac{1}{2}\mathbb{E}\left[V_{\text{target}}(S) - \hat{V}(S, w)\right]^2$$

$$J(w) = \frac{1}{2}\mathbb{E}\left[Q_{\text{target}}(S, A) - \hat{Q}(S, A, w)\right]^2$$

(6.6)

事实上，这些目标价值函数正是我们要求解的。在实际求解近似价值函数参数 w 的过程中，我们使用基于近似价值函数的目标价值来代替。下文还将继续就这一点做出解释。我们可以利用梯度下降的方法逐渐逼近 $J(w)$ 的极小值，以求得参数 w。

6.2.2　梯度和梯度下降

梯度是一个很重要的概念，正确理解梯度对于理解梯度下降、梯度上升等算法具有非常重要的意义，而后两者在基于函数近似的强化学习领域有着广泛的应用。这里借助一元和二元函数对梯度做较为详细的介绍。

先考虑一元函数的情况。令 $J(w)=(2w-3)^2$ 是关于参数 w 的一个函数，这里的 w 是一个一维实变量，那么 $J(w)$ 的函数图像如图 6.3 所示。这是一个抛物线，在点(1.5,0)处取得极小值。点(3,9)位于抛物线上，抛物线在该点的切线方程为 $S(w)=12w-27$。该切线的斜率为 12。12 就是抛物线在点(3,9)处的导数，也就是梯度。类似地，在抛物线上的点(1.5,0)处，切线的斜率为 0，在该点的梯度或导数为 0。对于该抛物线来说，在梯度为 0 的位置取得极小值。

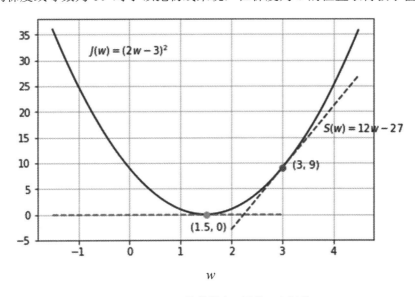

图 6.3　一元函数的梯度（导数）和极值

对于一元可微函数 $y = f(x)$，y 在 x 处的梯度（或导数）描述为：

$$\nabla y = f'(x) = \frac{\mathrm{d}y}{\mathrm{d}x}$$

$f(x)$ 在梯度（导数）为 0 处取得一个极大值或极小值。

多元函数的情况要复杂些。以二元函数为例，令 $J(w)$ 是一个关于参数 $w = (w_1, w_2)^{\text{T}}$ 的二元函数：

$$J(\boldsymbol{w}) = J(w_1, w_2) = 5(w_1 - 3)^2 + 4(w_2 - 1)^2$$

此时二元函数的 $J(w_1, w_2)$ 在三维坐标系中表示一个曲面，图像如图 6.4 所示。该曲面呈现为开口向上的抛物面，并且在 $w_1=3$、$w_2=1$ 时取得最小值 0。

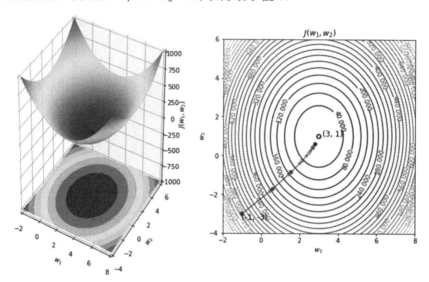

图 6.4　二元函数对应的曲面及梯度下降演示

对于二元可微函数 $y = f(x_1, x_2)$，y 在 (x_1, x_2) 处的梯度是一个向量，因而是有方向的，其元素由 y 分别对 x_1 和 x_2 的偏导数构成：

$$\nabla y = \left(\frac{\partial y}{\partial x_1}, \frac{\partial y}{\partial x_2} \right)$$

梯度的意义在于，在某一位置沿着该位置梯度向量所指的方向，其函数值增加的速度最快，而梯度向量的反方向就是函数值减少的速度最快的方向。当某位置的梯度为 0 时，函数在该处取得一个极大值或极小值。图 6.4 右侧部分是左侧曲面在 $w_1 O w_2$ 平面投影的等高线，每一个闭合圆上的点的函数值相同。某一点梯度的方向就是过该点、垂直于该点所在等高线且指向函数值增大的方向。

根据偏导数的计算公式，可以得出前面的二元函数 $J(w_1, w_2)$ 对于 w_1 和 w_2 的偏导数分别为：

$$\frac{\partial J}{\partial w_1} = 10(w_1 - 3), \quad \frac{\partial J}{\partial w_2} = 8(w_2 - 1)$$

可以计算得出 $J(w_1, w_2)$ 在点 $(-1, -3)$ 和 $(3, 1)$ 处的梯度分别为：

$$\left. \frac{\partial J}{\partial w_1} \right|_{(-1, -3)} = -40, \quad \left. \frac{\partial J}{\partial w_2} \right|_{(-1, -3)} = -32$$

即

$$\nabla J_{(-1,-3)} = \left(-40, -32\right)$$

类似地，该函数在点(3,1)处的梯度为：

$$\nabla J_{(3,1)} = \left(0, 0\right)$$

这两个点的位置对应于图 6.4 中右侧左下角的一点和正中的空心圆点。

二元函数的梯度概念和计算方法可以直接推广到 n 元函数 $y = f(x_1, x_2, \cdots, x_n)$中，只要该函数在其定义空间内可微。这里就不再展开了。

利用沿梯度方向函数值增加速度最快、沿梯度反方向函数值减少速度最快这个特点，通过设计合理的目标函数 J，可以找到目标函数取得极小值或极大值时所对应的自变量 w 的取值。

对于一个类似上例的可微二元函数来说，可以直接令其对应各参数的偏导数为 0，求出函数值取极小值时的参数值。不过对于大规模强化学习问题来说，J 是根据采样得到的状态转换来计算的，这种情况下需要通过迭代、使用梯度下降来求解。具体过程如下：

（1）初始条件下随机设置参数值 $w = (w_1, w_2, \cdots, w_n)$。

（2）获取一个状态转换，代入目标函数 J，并计算 J 对参数 w 各分量的梯度：

$$\nabla_w J\left(w\right) = \begin{pmatrix} \dfrac{\partial J\left(w\right)}{\partial w_1} \\ \vdots \\ \dfrac{\partial J\left(w\right)}{\partial w_n} \end{pmatrix} \tag{6.7}$$

（3）设置一个正的、较小的学习率 α，将原参数 w 朝着梯度的反方向做一定的更新：

$$\Delta w = -\alpha \nabla_w J\left(w\right)$$
$$w \leftarrow w + \Delta w \tag{6.8}$$

（4）重复过程（2）和（3），直到参数 w 的更新小于一个设定范围或者达到一定的更新次数。

以上述的二元函数 $J(w_1, w_2) = 5(w_1-3)^2 + 4(w_2-1)^2$ 为例，我们希望找到使 $J(w_1, w_2)$ 最小的 (w_1, w_2) 值。很明显，当 $w_1 = 3$、$w_2 = 1$ 时，J 取得最小值 0，这是直接令梯度为 0 计算得到的。现在我们使用梯度下降法来求解：

第一步，随机初始化 (w_1, w_2)，假设令 $w_1 = -1$、$w_2 = -3$，该值对应图 6.4 中右侧最左下角的一个点。

第二步，计算目标函数 J 对应当前参数的梯度为$(-40, -32)$。

第三步，设置学习率 $\alpha = 0.04$，更新参数值：

$$w_1 = -1 - 0.04 \times (-40) = 0.6 \ , \quad w_2 = -3 - 0.04 \times (-32) = -1.72$$

新的参数值(w_1, w_2)在图中对应的点比之前朝着图中央的空心圆圈迈了一大步。

重复第二、三步，我们发现更新的参数值代表对应的点离中心最终参数的点在逐渐接近，直到第 6 次更新后到达离中心最近的黑点的位置，该位置对应的参数值为(2.81,0.60)。随着更新次数的增加，得到的参数值将逐渐趋于真实的参数值。

如果我们在更新参数时设置较大或较小的学习率，就会改变学习的进程：较小的学习率使得更新速度变慢，需要更多的更新次数才能得到最终结果；设置较大的学习率在更新早期虽然能够加快速度，但在后期有可能得不到最终想要的结果。图6.5显示的是上述问题使用 $\alpha = 0.2$ 时的参数更新过程，可以看出参数的第一次更新就已经过头了，此后的每一次更新都围绕着真实参数值的两侧振荡，无法到达真实的参数值。因此要小心设置学习率的大小。为了解决这个问题，也出现了许多其他的更新办法，诸如带动量的更新和 Adam 更新等，有兴趣的读者可以参考深度学习相关的知识。

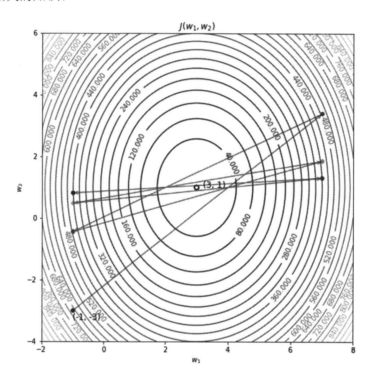

图 6.5　过大的学习率导致梯度下降过头而使求解失败

6.3　常用的近似价值函数

理论上任何函数都可用作近似价值函数，实际选择何种近似函数需根据问题的特点而定。比较常用的近似函数有线性函数组合、神经网络、决策树、傅里叶变换等。这些近似函数在强化学习中主要用于对一个状态进行恰当的特征表示。近年来，深度学习技术展示了其强大的特征表示能力，被广泛应用于诸多技术领域，当然也包括强化学习领域。本节将简要介绍线性近似，随后重点介绍基于深度学习的神经网络技术，包括全连接神经网络以及卷积神经网络。这两类神经网络技术主要用于进行非线性近似。

6.3.1　线性近似

线性价值函数使用一系列特征的线性组合来近似价值函数：

$$\hat{V}(S, \boldsymbol{w}) = \boldsymbol{w}^{\top} \boldsymbol{x}(S) = \sum_{j=1}^{n} x_j(S) w_j \qquad (6.9)$$

式（6.9）中的 $\boldsymbol{x}(S)$ 和 $\boldsymbol{w}$ 均为列向量，$x_j(S)$ 表示状态 S 的第 j 个特征分量值，w_j 表示该特征分量值的权重，也就是要求解的参数。基于式（6.6），对于使用线性函数 $\hat{V}(S, \boldsymbol{w})$ 近似的价值函数这一情形，其对应的目标函数 $J(\boldsymbol{w})$ 为：

$$J(\boldsymbol{w}) = \frac{1}{2} \mathbb{E}\left[V_{\text{target}}(S) - \boldsymbol{w}^{\top} \boldsymbol{x}(S) \right]^2$$

相应的梯度 $\nabla_{\boldsymbol{w}} J(\boldsymbol{w})$ 为：

$$\nabla_{\boldsymbol{w}} J(\boldsymbol{w}) = -\left(V_{\text{target}}(S) - \boldsymbol{w}^{\top} \boldsymbol{x}(S) \right) \boldsymbol{x}(S)$$

参数的更新量 $\Delta \boldsymbol{w}$ 为：

$$\Delta \boldsymbol{w} = \alpha \left(V_{\text{target}}(S) - \boldsymbol{w}^{\top} \boldsymbol{x}(S) \right) \boldsymbol{x}(S) \qquad (6.10)$$

在式（6.10）中，使用不同的学习方法时，$V_{\text{target}}(S)$ 由不同的目标价值代替，这一点前文已经说过，需要指出的是，这些目标价值虽然仍然由近似价值函数计算得到，但在计算梯度时它们是一个数值，对参数 $\boldsymbol{w}$ 的求导为 0。

事实上，查表式的价值函数是线性近似价值函数的一个特例，这个线性近似价值函数的特征数目就是所有的状态数目 n，每一个特定的状态对应的线性价值函数的特征分量中只有一个为 1，其余 $n-1$ 个特征分量值均为 0；类似地参数也是由 n 个元素组成的向量，每一个元素实际上就存储着对应的价值，如式（6.11）所示：

$$\hat{V}(S, \boldsymbol{w}) = \begin{bmatrix} w_1 \\ w_2 \\ \vdots \\ w_n \end{bmatrix}^{\top} \begin{bmatrix} 1(S = s_1) \\ 1(S = s_2) \\ \vdots \\ 1(S = s_n) \end{bmatrix} \qquad (6.11)$$

6.3.2　神经网络

神经网络近似作为价值近似，既可以表达线性近似，也可以表达非线性近似，多数时候使用神经网络技术是为了利用其强大的非线性近似能力。通常非线性神经网络的基本单位是一个可以进行非线性变换的神经元。通过多个这样的神经元多层排列、层间互连，最终实现复杂的非线性近似。线性近似可以用图 6.6（a）表示，一个基本的非线性神经元可以用图 6.6（b）表示。

单个非线性的神经元在线性近似的基础上增加了一个偏置项（b）和一个非线性整合函数（σ），偏置项 b 可以被认为是一个额外的数据为 1 的输入项的权重。单个神经元最终的输出 $\hat{y}$ 为：

$$\hat{y} = \sigma(z) = \sigma(\boldsymbol{w}^{\top} \boldsymbol{x} + b) \qquad (6.12)$$

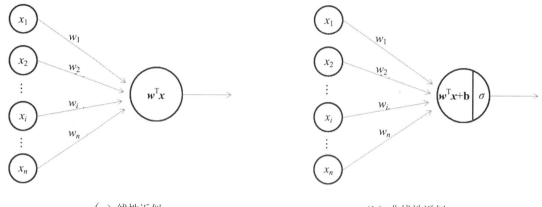

（a）线性近似   （b）非线性近似

图 6.6　线性近似与单个神经元的非线性近似

非线性函数 σ 被称为神经元的激活函数（Activate Function），目前常用的两个激活函数是 relu 和 tanh，它们的函数图像如图 6.7 所示。

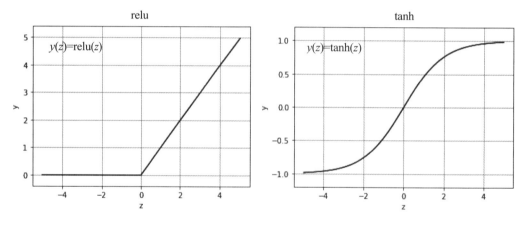

图 6.7　两个常用的激活函数

神经网络是由众多能够进行简单非线性近似的神经元按照一定的层次连接而组成的。图 6.8 显示的是一个两层的神经网络，接受 n 个特征的输入数据，最终得到两个输出（特征）。随后一层有 16 个神经元，用以整合原始数据得到 16 个隐藏特征。输入数据的每一个维度也可以被认为是一个神经元，不过该神经元的输出为给定的输入数据。图 6.8 中除输入数据外的每一个神经元都和前一层的所有神经元以一定的权重连接。这种连接方式称为全连接，对应的神经网络为分层全连接神经网络（Full Connect Neural Network）。在无特别说明时神经网络一般均指全连接神经网络。

分层全连接神经网络中除输入数据和输出层以外的层都叫隐藏层（Hidden Layer）。图 6.8 所示的是有一个隐藏层的神经网络，该隐藏层有 16 个神经元。如果设置不同数量的隐藏层，同时每一个隐藏层设置一定数目的神经元，就会形成不同设置的神经网络。一般来说，对隐藏层越多，网络就越深，相应地对训练数据的非线性近似能力就越强，网络的深度也越深。隐藏层达到多少可以称为深度神经网络（Deep Neural Network，DNN）并没有明确的说法。

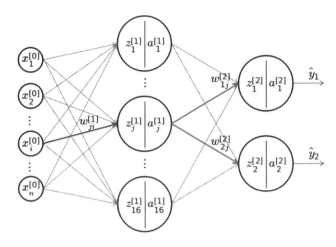

图 6.8　一个简单的两层神经网络架构

对于一个多层神经网络来说，每一层的每一个神经元都有多个代表权重的参数 w 和一个偏置项 b。如果用 $n^{[l]}$ 表示第 l 层的神经元数量，$a_i^{[l]}$ 表示第 l 层的第 i 个神经元的输出，$w_{ji}^{[l]}$ 表示第 l 层第 j 个神经元与第 $l-1$ 层第 i 个神经元之间的连接权重，$b_j^{[l]}$ 表示第 l 层第 j 个神经元的偏置项，那么一个 L 层的全连接神经网络参数由 $\boldsymbol{W}^{[1]}, \boldsymbol{b}^{[1]}, \boldsymbol{W}^{[2]}, \boldsymbol{b}^{[2]}, \dots, \boldsymbol{W}^{[L]}, \boldsymbol{b}^{[L]}$ 构成。其中 $\boldsymbol{W}^{[l]}$ 是一个 $n^{[l]} \times n^{[l-1]}$ 的二维矩阵，$\boldsymbol{b}^{[l]}$ 是由 $n^{[l]}$ 个元素构成的一维列向量。网络中第 l 层第 j 个神经元的输出 $a_j^{[l]}$ 为：

$$a_j^{[l]} = \sigma\left(z_j^{[l]}\right) = \sigma\left(\sum_{i=1}^{n^{[l-1]}} w_{ji}^{[l]} a_i^{[l-1]} + b_j^{[l]}\right) \tag{6.13}$$

如果使用矩阵的形式，那么第 l 层神经元的输出 $\boldsymbol{a}^{(l)}$ 为：

$$\boldsymbol{a}^{[l]} = \sigma\left(z^{[l]}\right) = \sigma\left(\boldsymbol{W}^{[l]} \boldsymbol{a}^{[l-1]} + \boldsymbol{b}^{[l]}\right) \tag{6.14}$$

神经网络第 L 层的输出 $\boldsymbol{a}^{[L]}$ 也就是该网络的最终输出 $\hat{\boldsymbol{y}}$。当神经网络的参数确定时，给予神经网络的输入层一定的数据，依据式（6.14）可以得到第一个隐藏层的输出，第一个隐藏层的输出作为输入数据可以计算第二个隐藏层的输出，直至计算得到输出层的一个确定的输出。这种由输入数据依次经过网络的各层得到输出数据的过程称为前向传播（Forward Propagation，FP）。通过设计合理的目标（代价）函数，也可以利用前文介绍的梯度及梯度下降方法来求解出符合任务需求的参数。只不过在计算梯度时需要从神经网络的输出层开始逐层计算至第一个隐藏层甚至是输入层。这种梯度从输出端向输入端计算传播的过程称为反向传播（Backward Propagation，BP）。目标函数计算得到神经网络根据输入数据得到的输出 $\hat{\boldsymbol{y}}$ 与实际期望的输出 $\boldsymbol{y}$ 之间的误差，计算误差对各参数的梯度，朝着梯度下降（误差减少）的方向更新参数值。如此迭代多次来训练一个神经网络。均方差（Mean Square Error，MSE）和交叉熵（Cross Entropy）是神经网络常用的两大目标函数：

$$J\left(\boldsymbol{W}, \boldsymbol{b}\right)_{MSE} = \frac{1}{2M} \sum_{k=1}^{M} \left[y^{(k)} - \hat{y}^{(k)}\right]^2 \tag{6.15}$$

$$J(\boldsymbol{W}, \boldsymbol{b})_{\text{cross\_entropy}} = -\frac{1}{M}\sum_{k=1}^{M}\left[y^{(k)}\ln\hat{y}^{(k)} + \left(1-y^{(k)}\right)\ln\left(1-\hat{y}^{(k)}\right) \right] \tag{6.16}$$

式（6.15）和式（6.16）中的 M 是指更新一次参数对应的训练样本的数量，$y^{(k)}$ 和 $\hat{y}^{(k)}$ 分别表示第 k 个训练样本的真实输出和神经网络计算得到的输出。均方差目标函数常用于输出值的绝对值大于 1 的情况（即数值范围较大的情况）；交叉熵目标函数由于其设计特点一般多用于输出为概率值的情况，此时输出值在 0 和 1 之间。

在使用由 M 个训练样本组成的训练集训练一个神经网络时，分以下几种情况：如果每训练一个样本就计算一次目标函数并使用梯度下降算法更新网络参数，那么这种训练方法称为随机梯度下降（Stochastic Gradient Descent）；如果一次目标函数计算了训练集中的所有 M 个样本，在此基础上更新参数，则称为批量梯度下降（Batch Gradient Descent）；如果每训练 m（$m\ll M$）个样本更新一次参数值，那么这种方法称为小批量梯度下降（Mini-Batch Gradient Descent）。随机梯度下降参数更新快，但有时会朝着错误的方向更新；批量梯度下降一般总能找到对应训练集的最优参数，但收敛速度慢；小批量梯度下降结合了两者的优点，是目前主流的算法。由于 M 一般在数千、数万乃至更高的数量级，通常 m 可以选择 64、128、256 等较小的 2 的整数次方。

用全连接神经网络作为强化学习中的价值近似，能够很好地解决一些规模较大的实际问题，这得益于全连接神经网络有强大的特征学习能力和非线性整合能力。当图像数据作为表示状态的主要数据时，可以使用另一类强大的神经网络（卷积神经网络）来进行价值近似。

6.3.3 卷积神经网络近似

卷积神经网络（Convolutional Neural Network，CNN）是神经网络的一种，神经网络的许多概念和方法（例如单个神经元的工作机制、激活函数、连接权重、目标函数、反向传播、训练机制等）都适用于卷积神经网络。卷积神经网络与全连接神经网络最大的差别在于网络的架构和参数的设置上，本节将对此进行基本的讲解。

卷积神经网络是分层的，也可以有很多隐藏层，但是其主体部分的每个隐藏层由许多通道（Channel）所组成，每一个通道内有许多神经元，其中每一个神经元仅与前一层所有通道内局部一定位置的神经元连接，接受它们的输出信号，这种设计思想受到高等哺乳动物的视觉神经系统中"感受野"概念的启发。此外，同一个通道内神经元共享参数这种设计能够比较有效地提取静态二维空间的特征。下面先从一个简单的例子开始讲解什么是卷积。

大多数人都玩过五子棋游戏（见图 6.9），游戏双方分别使用黑白两色的棋子，轮流下在棋盘水平横线与垂直竖线的交叉点上，率先在横线、竖线或斜对角线上形成五子连线者获胜。

下五子棋时经常要观察对手是否出现了 3 个棋子连在一起的情况，如果出现这种情况，就要考虑及时围堵对手了。我们可以使用一个过滤器来检测水平、垂直

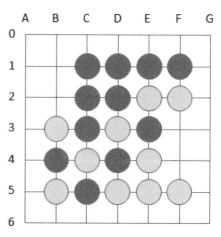

图 6.9 一个 7×7 的五子棋局

方向是否存在某玩家三子相连的情况。以图 6.9 中标号为 5 的那一行棋（见图 6.10（a））为例，为了方便计算，我们使用数字来标记棋盘上的每一个位置信息，0 表示该位置没有棋，1 表示该位置被黑棋占据；–1 表示该位置被白棋占据。随后设计如图 6.10（b）所示的 3 个水平连续的 1 作为过滤器来从左至右逐一滑动检测水平方向一方三子连线的情况，得到如图 6.10（c）所示的过滤结果。

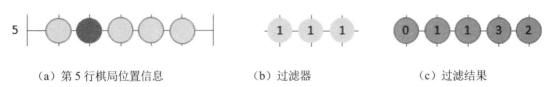

（a）第 5 行棋局位置信息　　　　　（b）过滤器　　　　　（c）过滤结果

图 6.10　使用过滤器检测五子棋一方三子连线

过滤器的目标是发现感兴趣的特征信息而过滤掉无关信息，过滤结果会提示棋局中是否存在过滤器感兴趣的信息。其具体的工作机制如图 6.11 所示。

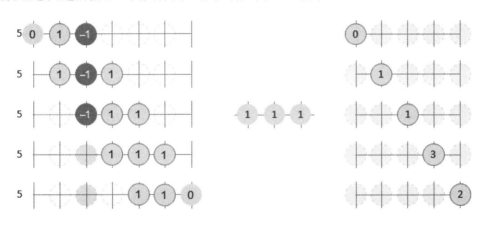

图 6.11　检测五子棋水平方向三子连线的过滤器工作机制

过滤器将从该行棋局最左侧的 3 个棋盘位置信息开始，分别用自身的 3 个 1 乘以棋盘上相应位置数字形式表示的状态，并把结果加在一起，得到最后的过滤结果。每得到一个结果后过滤器往右移动一步，再次计算新位置的过滤结果，如此反复直到过滤器来到该行棋的最右方。通过分析过滤器的计算方式，我们可以发现，当棋盘中存在 3 个黑棋或 3 个白棋连在一起时，过滤器得到的结果将分别是 3 和–3，而其他情况下过滤器的结果都将在–3 和 3 之间。所以通过观察过滤结果中有没有–3 或 3 以及出现的位置，就可以得到棋盘中有没有一方三子连在一起的情况以及该情况出现的位置。垂直方向也可以采用类似地方法来判断。

过滤器在卷积神经网络中大量存在，只不过我们使用一个新的名字：卷积核。过滤器通过移步进行过滤操作的过程称为卷积操作。过滤器需要有一定数量的参数来定义，例如上例中过滤器是由一个长度为 3 的一维单位向量所组成的。这个长度称为卷积核的大小或尺寸。这些参数形成了卷积核的参数。卷积操作保留了卷积核感兴趣的信息，同时对原始信息进行了一定程度的概括和压缩。例如，上例中本来一行棋的状态需要用 7 个数字来描述，但是卷积操作的结果仅由 5 个数字组成。通过这 5 个数字可以大致分析出对应位置黑棋和白棋的力量对比。有时我们希望卷积结果的规模与原始的数据规模一样，那么可以在原始信息的左右两侧添加一定数量的无用数据，例如我们在第5行棋左右再各添加一个0，这样得到的卷积结果也将是7个数字组成的。卷积结果与原始信息结果保持相同的规模在五子棋问题中意义不大，但在解决其他一些问题中还是有意义的。同样，在这个例子中卷积核每一步仅往右移动一格。在一些任务中，卷积核每一次可以移动超过一格的位置。

一般来说，如果一个原始信息的大小为 n、卷积核（Kernel）大小为 f，原始信息左右各填充（Padding）p 个数据、卷积核每次移动的步长（Stride）为 s，那么卷积结果的数据大小 n' 可由以下公式计算得到：

$$n' = \left\lfloor \frac{n + 2p - f}{s} \right\rfloor + 1 \tag{6.17}$$

以上介绍的卷积操作都是针对一维空间的，判断水平或垂直方向一方三子连线没有问题，但是判断对角线方向三子连线就做不到了。由于对角线涉及水平和垂直两个维度，我们需要把之前一维卷积操作扩展到二维空间中来，如图6.12所示。卷积核由二维单位矩阵构成，相应的卷积结果显示有2处白棋三子连线和1处黑棋三子连线的情况。二维卷积操作的基本原理与一维卷积操作类似，不同的是在计算单个卷积操作结果时将所有元素与卷积核对应位置的值相乘，再求和；在移步时注意不要遗漏位置就可以了。而且卷积结果的大小在水平和垂直方向上依然可以使用式（6.17）来计算。卷积操作还可以推广至三维甚至更高维的情况，这里就不展开了。

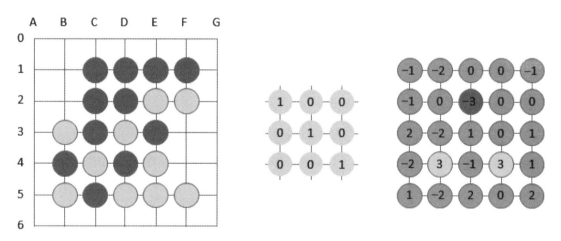

图6.12　使用卷积操作检测五子棋'\'向对角线方向三子连线

卷积核以及对应的操作是理解卷积神经网络的关键。在实际应用中，一个卷积核通常不能解决实际问题，即使在五子棋中，检测一方三子连线也至少需要4个卷积核，分别负责水平、垂直和两个对角线方向的检测，可以认为，每个卷积核负责检测对应的一个特征。而每一个卷积操作的结果一般称为一个通道（Channel），也称为一个映射（Map）。在卷积神经网络中，多个通道构成一个类似于全连接神经网络的隐藏层，同时卷积核的参数并不像我们应用在五子棋例子中那样是事先设计好的，而是神经网络通过学习得到的。卷积神经网络中还有一个概念是池化（Pooling）。池化操作主要分为两种：最大池化（Max Pooling）和平均池化（Average Pooling）。池化操作过程与卷积操作类似，也存在着大小、步长、填充等概念，池化结果的大小也可以使用公式（6.17）计算得到。池化操作不需要卷积核，最大池化操作就是把当前操作区域中的最大数据作为池化结果；而平均池化则是把操作区域所有值的平均值作为池化结果。图 6.13 展示了对五子棋的一个卷积结果分别进行大小为 $f = 3×3$、步长 $s = 1$、填充 $p=0$ 的最大池化和相同参数的平均池化结果。

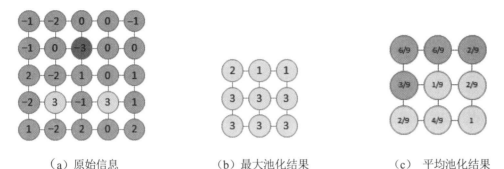

（a）原始信息　　　　　　（b）最大池化结果　　　　　（c）平均池化结果

图 6.13　最大池化和平均池化

在了解了卷积神经网络的一些基本操作后，再来从宏观上理解卷积神经网络的架构就容易些了。图 6.14 展示的是卷积神经网络的鼻祖——1998 年 LeCun 提出的可以用来进行手写数字识别的 LeNet-5 模型的架构。该网络接受黑白手写字符图片作为输入，随后的第一个隐藏层设计了 6 个通道的 $f = 5×5$、$s=1$、$p=0$ 的卷积核，得到的卷积结果规模为 $6×28×28$，随后使用 $f = 2×2$、$s=2$、$p=0$ 的池化操作得到第二个隐藏层，同时数据规模缩小为 $6×14×14$；第三个隐藏层的数据又是通过卷积操作得到的，这次设计 16 个与之前设置相同的卷积核，得到的结果规模为 $16×10×10$；随后的一个池化操作将数据规模进一步缩小为 $16×5×5$。此后使用 3 个全连接最终到达长度为 10 的输出层。输出层的每一个数据分别代表输入图像是手写数字 0~9 的概率。

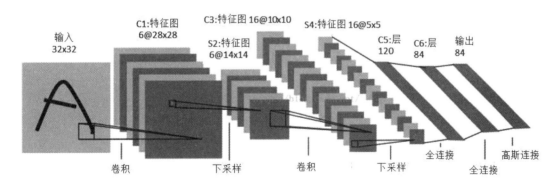

图 6.14　LeNet-5 卷积神经网络

相比较全连接神经网络，卷积神经网络具备出色的空间特征检测能力，而且参数规模小。如果一个隐藏层设计了 n 个通道，每一个通道的卷积核大小为 $f × f$，同时前一个隐藏层有 m 个通道，那么不考虑偏置项，该隐藏层参数的个数一共有：

$$c = n × f × f × m \tag{6.18}$$

池化操作不需要任何参数，大大减少了参数的个数。卷积隐藏层通道的个数反映了网络在这一层的特征检测能力。通常卷积神经网络越靠近输出层，它的通道数越多，但是每一个通道的数据规模越来越小。此外，卷积核的大小也影响网络的架构，早期人们习惯使用诸如 $7×7$、$9×9$ 的大卷积核，近来研究发现，大的卷积核可以被多个 $3×3$ 的卷积核所替代，同时总体参数也减少了。因而目前主流卷积神经网络都更倾向于使用 $3×3$ 大小的卷积核。池化和全连接在卷积神经网络中的作用越来越淡化，有些卷积神经网络甚至抛弃了全连接层。

强化学习领域有许多图像信息作为状态表示的情况，例如训练一个个体像人类玩游戏的场景一样，通过直接观察游戏屏幕的图像进行策略优化，这种情况下结合卷积神经网络作为价值函数的近似则会提高效率。在棋类游戏领域也是如此，卷积神经网络可以出色地对当前棋盘状态进行评估，指导价值及策略的优化。对初学者来说，卷积神经网络比较难理解，由于本书旨在应用卷积神经网络来进行强化学习，故而不可能花大量篇幅来讲解卷积神经网络本身。读者可以通过本章的编程实践和本书后续的一些讲解来加深对卷积神经网络的理解。对卷积神经网络感兴趣的读者也可以查阅专门的书籍和文献。

6.4　DQN 算法

本节将结合价值函数近似与神经网络技术来介绍基于神经网络（深度学习）的Q学习算法：深度 Q 学习（Deep Q-Learning，DQN）算法。DQN 算法主要使用经验回放（Experience Replay）来实现价值函数的收敛。具体做法为：个体能记住既往的状态转换经历，对于每一个完整状态序列里的每一次状态转换，依据当前状态的 s_t 价值以 ϵ 贪婪策略选择一个行为 a_t，执行该行为得到奖励 r_{t+1} 和下一个状态 s_{t+1}，将得到的状态转换存储至记忆中，当记忆中存储的容量足够大时，随机从记忆里提取一定数量的状态转换，用状态转换中的下一状态来计算当前状态的目标价值，使用式（6.4）计算目标价值与网络输出价值之间的均方差代价，使用小批量梯度下降算法更新网络的参数。具体的算法流程如算法 4 所示。

算法 4: 基于经验回放的DQN算法

输入: episodes, α, γ

输出: optimized action-value function $Q(\theta)$

initialize:experience $\mathbb{D}$, action-value function $Q(\theta)$ with random weights

repeat for each episode in episodes

　　get features ϕ of start state S of current episode

　　repeat for each step of episode

　　　　$A = \text{policy}(Q, \phi(S); \theta)$ (e.g. ϵ-greedy policy)

　　　　$R, \phi(S'), is\_end = \text{perform\_action}(\phi(S), A)$

　　　　store transition $(\phi(S), A, R, \phi(S'), is\_end)$ in $\mathbb{D}$

　　　　$\phi(S) \leftarrow \phi(S')$

　　　　sample random minibatch(m) of transitions $(\phi(S_j), A_j, R_j, \phi(S'_j), ie\_end_j)$ from $\mathbb{D}$

　　　　set

$$y_j = \begin{cases} r_j & if\ is\_end_j\ is\ True \\ r_j + \gamma\max_{a'}Q(\phi(S'_j), a'; \theta) & otherwise \end{cases}$$

　　　　perform mini-batch gradient descent on $(y_j - Q(\phi(S_j), A_j; \theta))^2/m$

　　until S is terminal state;

until all episodes are visited;

该算法流程图中使用 θ 代表近似价值函数的参数。相比前一章的各种学习算法，该算法中的状态 S 用特征 $\phi(S)$ 来表示。为了表述简便，在除算法之外的公式中，本书仍直接使用 S 来代替 $\phi(S)$。在每产生一个行为 A 并与环境实际交互后，个体都会进行一次学习并更新一次参数。更新参数时使用的目标价值由式（6.19）产生：

$$Q_{\text{target}}\left(S_t, A_t\right) = R_t + \gamma \max Q\left(S_t', A_t'; \theta^-\right) \tag{6.19}$$

式（6.19）中的 θ^- 是上一个更新周期价值网络的参数。DQN 算法在深度强化学习领域取得了不俗的成绩，不过其并不能保证一直收敛，研究表明这种估计目标价值的算法过于乐观地高估了一些情况下的行为价值，导致算法会将次优行为价值一致认为最优行为价值，最终不能收敛至最佳价值函数。一种使用双价值网络的 DDQN（Double Deep Q Network）被认为较好地解决了这个问题。该算法使用两个架构相同的近似价值函数：其中一个用来根据策略生成交互行为并随时更新参数（θ）；另一个用来生成目标价值，其参数（θ^-）每隔一定的周期进行更新。该算法绝大多数流程与 DQN 算法一样，只是在更新目标价值时使用式（6.20）：

$$Q_{\text{target}}\left(S_t, A_t\right) = R_t + \gamma Q\left(S_t', \max_{a'} Q(S_t', a'; \theta); \theta^-\right) \tag{6.20}$$

该式表明，DDQN 在生成目标价值时使用了生成交互行为，并频繁更新参数的价值网络 $Q(\theta)$，在这个价值网络中挑选状态 S 下最大价值对应的行为 A_t'，随后再用"状态-行为对"(S_t', A_t') 代入目标价值网络 $Q(\theta^-)$ 得出目标价值。实验表明这样的更改比 DQN 算法更加稳定，也更容易收敛至最优价值函数和最优策略。在编程实践环节，我们将实现 DQN 和 DDQN。

在使用神经网络等深度学习技术来进行价值函数近似时，有可能会碰到无法得到预期结果的情况。造成这种现象的原因有很多，其中包括基于 TD 学习算法使用的引导性（Bootstrapping）数据，非线性近似随机梯度下降落入局部最优值等原因，也可能和 ϵ 贪婪策略中的 ϵ 设置有关。此外，深度神经网络本身也有许多训练技巧，包括学习率的设置、网络架构的设置等。这些设置参数有别于近似价值函数本身的参数，被称为超参数（Super Parameter）。如何设置、调优超参数目前仍没有一套成熟的理论来指导，得到一套完美的网络参数有时需要多次实践，并对训练结果进行有效的观察和分析。

6.5　编程实践：基于 PyTorch 实现 DQN 求解 PuckWorld 问题

在构建近似价值函数的实践中，PyTorch 框架提供了非常方便的一整套解决方案。PyTorch 既可以像 NumPy 那样进行张量计算，也可以很轻易地搭建复杂的神经网络。从本节开始将会较多地使用 PyTorch 提供的功能进行深度强化学习的编程实践。PyTorch 的官方网站将其描述为：优先基于 Python 的深度学习框架，可以进行张量和动态神经网络的运算。在深度学习领域，张量（Tensor）这个概念其实并不难理解，我们都知道标量（Scalar）这个概念，标量指的是一个没有方向、只有大小的数据，数学上通常就用一个数值来表示，它没有维度或者说是零维的；我们熟悉的矢量又称向量（Vector），既有大小又有方向，在数学计算时通常用一组排列在一行或者一列的数值表示，是一维的；此外，矩阵（Matrix）也是大家较为熟悉的一种数据表现形式，是由多行多列的数据组合在一起的，是二维的；而三维或者三维以上的数据表现形式通常被称为张量（Tensor）。在深度学习和强化学习领域，我们要处理的数据通常很少是零维的标量，经常是一维的向量和二维的矩阵，例如描述一个状态的特征值组合在一起就是一个向量；一个五子棋盘当前状态则需要一个二维的矩阵来描述；描述一张彩色图片每一个像素点的红绿蓝三种颜色的具体数值，就需要用一个三维张量；如果要记录用来处理二维图像的卷积神经网络的一个隐藏层包含的所有权重参数，则需要一个四维的张量，因为一个隐藏层包括多个通道，每一个通道需要记录一个三维的卷积核矩阵，这是因为每一个神经元需要与前一个隐藏层所有通道所对应的神经元相连接。张量的运算规则与矢量以及矩阵运算规则类似，在PyTorch 看来，矩阵、向量甚至标量都能以张量来对待，所不同的就是事先规定好它们的维度和尺寸信息，这里的维度和尺寸信息可以称为形态（Shape）或尺寸（Size）。在编程实践中，养成经常查看张量形态的习惯对于编写正确有效的代码是非常有益处的。

PyTorch 提供的张量运算方法和索引方法与 NumPy 非常接近，然而 PyTorch 的强大之处并不仅体现在张量运算上，还提供了自动计算梯度的功能。梯度是一个比较难懂的概念，梯度的计算也是一个较复杂的运算过程。自版本 PyTorch 0.4 开始，张量对象本身就可以具备自动计算梯度的功能。有了这个功能，在构建基于梯度运算的神经网络或其他模型时，误差的反向传播和参数更新都可以自动完成，读者可以把精力集中在模型的构建和训练方法的设计上。在构建神经网络模型时 PyTorch 支持动态图，意味着可以在实际数据运算时根据前一个节点的结果来动态调整网络中张量流转的路线。PyTorch 官网提供了非常好的教程以帮助使用者理解这些设计理念并快速上手，建议对 PyTorch 不熟悉的读者在阅读本书后续内容之前先登录PyTorch 官网，以便对 PyTorch 有一个基本的认识。

本节的编程实践将使用 PyTorch 库构建一个简单的两层神经网络，将其作为近似价值函数应用于 DQN 和 DDQN 算法中解决本章一开始提到的 PuckWorld 问题。在 DQN 中的状态由数个特征组成的一维向量来表示，价值则由一个接受状态特征为输入的函数来表示，在实现基于DQN 的个体代码之前，先使用 PyTorch 提供的功能快速实现两层神经网络表示的近似价值函数，再实现 DQN 和 DDQN 算法，并用它来解决本章开始提到的 PuckWorld 问题。

6.5.1 基于神经网络的近似价值函数

我们要设计的这个近似价值函数基类针对的是 gym 中具有连续状态、离散行为的环境，在近似价值函数的构架类型中选择接受状态特征作为输入，输出多个行为对应的行为价值的第三种架构（见图 6.2）。近似价值函数的核心功能就是根据状态来得到该状态下所有行为对应的价值，进而为策略提供价值依据并计算目标价值。要构建这样一个基于神经网络的近似价值函数，需要知道对应强化问题状态的特征数、行为的个数。如此，这个网络的输入层和输出层的结构就确定了，此外还需要指定隐藏层的个数以及每一个隐藏层包含的神经元的数量。本例设计的神经网络仅包含一个隐藏层，默认有 32 个神经元。首先导入一些必要的库：

```
import numpy as np
import torch
```

```
import torch.nn as nn
from torch.autograd import Variable
import torch.nn.functional as F
import copy
```

可以设计具有如下构造函数的 NetApproximator 类：

```
class NetApproximator(nn.Module):
    def __init__(self, input_dim = 1, output_dim = 1, hidden_dim = 32):
        '''近似价值函数
        Args:
            input_dim: 输入层的特征数 int
            output_dim: 输出层的特征数 int
        '''
        super(NetApproximator, self).__init__()
        self.linear1 = torch.nn.Linear(input_dim,hidden_dim)
        self.linear2 = torch.nn.Linear(hidden_dim,output_dim)
```

NetApproximator 类继承自 nn.Module 类，后者是 PyTorch 中一个非常关键的类，几乎所有的模型都继承自这个类，而重写这个类只需要重写其构造函数和相应的前向运算 forward 方法。

NetApproximator 类的构造函数中声明了两个线性变换，并没有定义实现神经元整合功能的非线性单元，这是因为这两个线性单元都包含了需要训练的参数。由于非线性整合功能由 PyTorch 本身提供，且不需要参数，故而不需要成为类的成员变量。

NetApproximator 类重写的 forward 方法代码如下：

```
    def forward(self, x):
        '''前向运算，根据网络输入得到网络输出'''
        x = self._prepare_data(x)        # 需要对描述状态的输入参数 x 做一定的处理
        h_relu = F.relu(self.linear1(x)) # 非线性整合函数 relu
        # h_relu = self.linear1(x).clamp(min=0) # 实现 relu 功能的另一种写法
        y_pred = self.linear2(h_relu)    # 网络预测的输出
        return y_pred
```

forward 方法接受网络的输入数据，首先对其进行一定的预处理，随后送入第一个线性变换单元，得到线性整合结果后再进行一次非线性的 relu 处理，处理的结果送入另一个线性处理单元，其结果作为神经网络的输出，也就是网络预测的当前状态下各个行为的价值。神经网络的输出是针对每一个行为的价值（范围在整个实数域），因此第二个线性整合恰好可以通过参数调整映射至整个实数域。在输入数据送入线性整合单元之前的预处理主要是为了数据类型的兼容性和对单个采样样本的支持。因为通常从 gym 环境得到的数据类型是基于 NumPy 的数组或者是一个零维的标量（当状态的特征只有一个时）。而 PyTorch 神经网络模块处理的数据类型多数是基于 torch.Tensor 或 torch.Variable（自 PyTorch 0.4 版本起 Variable 已整合至 Tensor 中）的，后者一般不接受零维的标量。

```python
def _prepare_data(self, x, requires_grad = False):
    '''将 NumPy 格式的数据转化为 Torch 的 Variable'''
    if isinstance(x,np.ndarray):
        x = torch.from_numpy(x)   # 从 numpy 数组构建张量
    if isinstance(x, int):        # 同时接受单个数据
        x = torch.Tensor([[x]])
    x.requires_grad_ = requires_grad
    x = x.float() # 从 from_numpy()转换过来的数据是 DoubleTensor 形式
    if x.data.dim() == 1:         # 如果 x 是一维的, 下一行代码将其转换为二维的
        x = x.unsqueeze(0)        # torch 的 nn 接受的输入至少是二维的
    return x
```

该方法除接受输入数据 x 外，还接受一个名为 requires_grad 的参数。如果该参数的值为 True，则将通过配置使得数据同时具备自动梯度计算功能，通常原始输入数据不需要梯度来更新数据本身，因而该参数默认值为 False。如此最简单的神经网络模块就定义好了。由于这个例子规模较小，因此我们将训练网络、误差计算、梯度反向传播和参数更新工作也作为这个类的一个方法。代码如下：

```python
def fit(self, x, y, criterion=None, optimizer=None,
        epochs=1, learning_rate=1e-4):
    '''通过训练更新网络参数来拟合给定的输入 x 和输出 y
    '''
    if criterion is None:      # 损失的计算依据
        criterion=torch.nn.MSELoss(size_average=False)
    if optimizer is None:      # 参数优化器
        optimizer=torch.optim.Adam(self.parameters(), lr=learning_rate)
    if epochs < 1:             # 对参数给定的数据训练的次数
        epochs = 1
    # 输出数据一般也不需要梯度
    y = self._prepare_data(y, requires_grad = False)
    for t in range(epochs):
        y_pred = self.forward(x)     # 前向传播
        loss = criterion(y_pred,y)   # 计算损失
        optimizer.zero_grad()        # 梯度重置, 准备接受新梯度值
        loss.backward()              # 反向传播时自动计算相应节点的梯度
        optimizer.step()             # 更新权重
    return loss                      # 返回本次训练最后一个 epoch 的损失(代价)
```

此外，还编写了两个辅助函数（或称为方法）：__call__ 和 clone。前者使得该类的对象可以向函数名一样接受参数直接返回结果，后者实现了对自身的复制。代码如下：

```python
def __call__(self, x):
    y_pred = self.forward(x)
    return y_pred.data.numpy()
```

```
def clone(self):
    '''返回当前模型的深度复制对象'''
    return copy.deepcopy(self)
```

这样一个基于神经网络的近似价值函数就完全设计好了。

6.5.2 实现 DQN 求解 PuckWorld 问题

实现了基于神经网络的近似价值函数后，设计基于 DQN 的个体类就比较简单了。DQN 类仍然继承自先前介绍的 Agent 基类，我们只需重写策略 policy 方法和学习 learning_method 方法即可。该类的构造函数代码如下：

```
class DQNAgent(Agent):
    '''使用近似的价值函数实现的 Q 学习个体
    '''
    def __init__(self, env: Env = None,
                 capacity = 20000,
                 hidden_dim: int = 32,
                 batch_size = 128,
                 epochs = 2):
    if env is None:
        raise "agent should have an environment"
    super(DQNAgent, self).__init__(env, capacity)
    self.input_dim = env.observation_space.shape[0]  # 状态连续

    # 离散行为用 int 型数据 0,1,2,..,n 来表示
    self.output_dim = env.action_space.n
    # print("{},{}".format(self.input_dim, self.output_dim))
    self.hidden_dim = hidden_dim
    # 行为网络，用来计算产生行为以及对应的 Q 值，参数频繁更新
    self.behavior_Q=NetApproximator(input_dim=self.input_dim,
                     output_dim = self.output_dim,
                     hidden_dim = self.hidden_dim)
    # 计算目标价值的网络，初始时从行为网络复制而来，两者参数一致，该网络参数不定期更新
    self.target_Q = self.behavior_Q.clone()
    self.batch_size = batch_size    # mini-batch 学习一次状态转换数量
    self.epochs = epochs            # 一次学习对 mini-batch 各状态转换训练的次数
```

该类定义了两个基于神经网络的近似价值函数，其中一个行为网络是策略产生实际交互行为的依据，另一个目标价值网络用来根据状态和行为得到目标价值，是计算代价的依据。在一定次数的训练后，要将目标价值网络的参数更新为行为价值网络的参数，下面的代码实现这个功能：

```
def _update_target_Q(self):
    '''将更新策略的Q网络(连带其参数)复制给输出目标Q值的网络'''
    self.target_Q = self.behavior_Q.clone()  # 更新计算价值目标的Q网络
```

DQN 生成行为的策略依然是 ϵ 贪婪策略，相应的策略方法代码如下：

```
def policy(self, A, s, Q = None, epsilon = None):
    '''依据更新策略的价值函数(网络)产生一个行为'''
    Q_s = self.behavior_Q(s)  # 基于NetApproximator实现__call__方法
    rand_value = random()      # 生成0与1之间的随机数
    if epsilon is not None and rand_value < epsilon:
        return self.env.action_space.sample()
    else:
        return int(np.argmax(Q_s))
```

DQN 的学习方法 learning_method 比较简单，其核心就是根据当前状态特征 S_0 依据行为策略生成一个与环境交互的行为 A_0，交互后观察环境，得到奖励 R_1，同时观察下一状态的特征 S_1 以及状态序列是否结束。随后将得到的状态转换纳入记忆中。在每一个时间步长内，只要记忆中的状态转换够多，就随机从中提取一定量的状态转换进行基于记忆的学习，实现网络参数的更新：

```
def learning_method(self, gamma = 0.9, alpha = 0.1, epsilon = 1e-5,
                    display = False, lambda_ = None):
    self.state = self.env.reset()
    s0 = self.state        # 当前状态特征
    if display:
        self.env.render()
    time_in_episode, total_reward = 0, 0
    is_done = False loss = 0
    while not is_done:
        s0 = self.state    # 获取当前状态
        a0 = self.perform_policy(s0, epsilon)    # 基于行为策略产生行为
        s1, r1, is_done, info, total_reward = self.act(a0)  # 与环境交互
        if display:
            self.env.render()
        if self.total_trans > self.batch_size:   # 记忆中的状态转换足够多
            loss += self._learn_from_memory(gamma, alpha)    # 从记忆学习
        time_in_episode += 1
    loss/=time_in_episode
    if display:
        print("epsilon:{:3.2f},loss:{:3.2f},{}".format(
            epsilon,loss,self.experience.last_episode))
    return time_in_episode, total_reward
```

从上面的代码可以看出，对于 DQN 来说，整个学习方法最关键的地方就是从记忆学习
_learn_from_memory 这个方法。该方法的实现如下：

```
def _learn_from_memory(self, gamma, learning_rate):
    trans_pieces = self.sample(self.batch_size) # 随机获取记忆里的状态转换
    states_0 = np.vstack([x.s0 for x in trans_pieces])
    actions_0 = np.array([x.a0 for x in trans_pieces])
    reward_1 = np.array([x.reward for x in trans_pieces])
    is_done = np.array([x.is_done for x in trans_pieces])
    states_1 = np.vstack([x.s1 for x in trans_pieces])
    # 准备训练数据
    X_batch = states_0
    y_batch = self.target_Q(states_0)     # 得到 NumPy 格式的结果
    Q_target = reward_1 + gamma * np.max(self.target_Q(states_1),\
        axis=1)* (~ is_done) # is_done 则 Q_target==reward_1
    # 取消下列代码行的注释则变为 DDQN 算法
    # 行为 a' 从行为价值网络中得到
    # a_prime = np.argmax(self.behavior_Q(states_1), axis=1)\
                                                .reshape(-1)
    # (s',a') 的价值从目标价值网络中得到
    # Q_states_1 = self.target_Q(states_1)
    # temp_Q = Q_states_1[np.arange(len(Q_states_1)), a_prime]
    # (s,a) 的目标价值根据贝尔曼方程得到
    # Q_target = reward_1 + gamma * temp_Q * (~ is_done)
    # is_done 则 Q_target==reward_1
    # DDQN 算法部分的尾部
    y_batch[np.arange(len(X_batch)), actions_0] = Q_target
    # 训练行为价值网络，更新其参数
    loss = self.behavior_Q.fit(x = X_batch,
                        y = y_batch,
                        learning_rate = learning_rate,
                        epochs = self.epochs)
    mean_loss = loss.sum().data[0] / self.batch_size
    # 可根据需要设置目标价值网络参数的更新频率
    self._update_target_Q()
    return mean_loss
```

该方法顺带实现了 DDQN，根据注释应该不难理解。这样一个 DQN 和 DDQN 算法就完
成了，可以将 DQNAgent 类与前一章实现的其他 Agent 类一起放在文件 agents.py 中。现在使
用下面的代码来观察其在 PuckWorld 环境中的表现。

```
import gym
from puckworld import PuckWorldEnv
from agents import DQNAgent
```

```
from utils import learning_curve
env=PuckWorldEnv()
agent=DQNAgent(env)
data=agent.learning(gamma=0.99,
            epsilon = 1,
            decaying_epsilon = True,
            alpha = 1e-3,
            max_episode_num = 100,
            display = False)
learning_curve(data, 2, 1, title="DQNAgent performance on PuckWorld",
            x_name="episodes", y_name="rewards of episode")
```

在运行上述代码后将得到类似图 6.15 所示的结果。可以看出使用 DQN 算法较为成功地解决了 PuckWorld 问题，个体仅通过少数完整状态序列就可以较为迅速地跟踪靠近目标小球，并稳定在一个较高的水平上。可以在训练一定次数后通过下面的代码来观察交互界面下拥有 DQN 算法的个体表现：

```
data = agent.learning(gamma=0.99,        # 衰减因子
            epsilon=1e-5,                 # 近似完全贪婪
            decaying_epsilon=False,
            alpha=1e-5,                   # 不学习
            max_episode_num=20,           # 观察次数
            display=True)                 # 显示交互界面
```

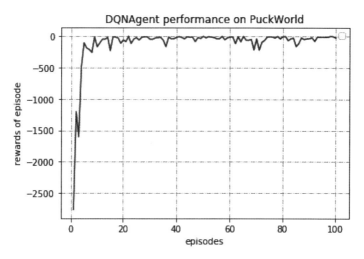

图 6.15　DQN 算法在 PuckWorld 环境中的表现

读者也可以通过设置不同的超参数（例如神经网络隐藏层的神经元个数、学习率、衰减因子以及目标价值网络参数更新的频率等）来观察个体的表现差异，从中体会基于深度学习的强化学习如何进行模型调优。

第7章 基于策略梯度的深度强化学习

在行为空间规模庞大或者是具有连续行为空间的情况下，基于价值的强化学习将很难学习到一个好的结果。这种情况下可以直接进行策略的学习，也就是将策略看成是具有状态和行为参数的策略函数，通过建立恰当的目标函数、利用个体与环境进行交互产生的奖励来学习得到策略函数的参数。策略函数针对连续行为空间将可以直接产生具体的行为值，进而绕过对状态价值的学习。

在实际应用中，一个解决强化学习问题的算法可以同时建立用于状态价值的近似函数和直接用于策略的近似函数。通过联合使用这两种函数，一方面可以基于价值函数进行策略评估和优化，另一方面优化的策略函数又会使得价值函数更加准确地反映状态的价值，两者相互促进最终得到最优策略。在这一思想背景下产生的深度确定性策略梯度算法成功地解决了连续行为空间中的诸多实际问题。

7.1 基于策略学习的意义

基于近似价值函数的学习可以较高效率地解决连续状态空间的强化学习问题，但其行为空间仍然是离散的。以 PuckWorld 世界环境来说，个体在环境中可以选择 5 个行为，分别是朝着左、右、上、下 4 个方向产生一个推动力，或者什么都不做。这个推动力是一个标准的值，假设为 1。每一次朝着某个方向施加这个力时，其大小总是 1 或者 0。对个体行为做这样的设定只是为了描述问题的方便。事实上，个体在同样的这个 PuckWorld 环境中，它完全可以同时在平面上的任何方向施加大小不超过一定值的力。此时该如何描述这个行为空间呢？这种情况下可以使用平面直角坐标系把力在水平和垂直方向上进行分解，分量大小不超过 1，那么这个力就可以用水平和垂直两个方向上的分量来描述，每一个方向上的分量可以是[-1，1]之间的任何可能的实数值，例如 0.55 可以被用来表示在水平方向上对个体施加一个向右的 0.55 大小的力。在这个例子中，行为就是施加给个体的力。为了计算，这个力可以用其在水平和垂直方向上分量的大小这两个特征来描述，每一个分量的值不再是 0 或者 1 这两个离散值，可以是区间[0,1]上的任何一个小数，如图 7.1 所示。针对这种情形，如果继续使用基于价值函数近似的方法来求解，将无法得到最大行为价值对应的具体行为，可以认为单纯基于价值函数近似的强化学习算法无法解决有连续行为空间的强化学习问题。

此外，在使用特征来描述状态空间中的某一个状态时，有可能因为个体观测的限制或者建模的局限，导致本来不同的两个状态却拥有相同的特征描述，进而导致无法得到最优解。这种情形可以用如图 7.2 所示的例子来解释。该环境的状态空间是离散的，其中骷髅占据的格子代表着会受到严厉惩罚的终止状态，钱袋子占据的格子代表着有丰厚奖励的终止状态，其余 5

个格子个体可以自由进出。环境的状态虽然是离散的，但是由于个体观测水平的限制，假设现在个体只能观测到两个描述自身状态的特征，分别是个体当前位置北侧和南侧是否是墙壁（图中粗灰线条表示的轮廓）。如果一个格子的状态用这两个特征来表示，那么可以认为最左上方格子的状态特征为（1,0），因为其北部是墙壁，而南侧是进入一个惩罚终止状态的通道。类似地，图中灰色的两个格子状态特征均为（1,1），表示这两个格子的北侧和南侧均为墙壁。如果使用基于状态或行为价值的贪婪策略学习方法，在个体处于这两个灰色格子中时，依据贪婪原则，它将永远都只选择向左或者向右其中的一个行为。假设它仅选择向左的行为，那么对于右侧的灰色格子，将进入上方中间的格子，并且很容易随后选择向下的行为进而进入钱袋子表示的终止位置，得到丰厚奖励。但是，对于左侧灰色格子，它选择向左的行为将进入特征值为（1,0）的左上角格子，此状态下的最优策略是向右，因为向下就进入了惩罚的终止状态，而向左、向上都是无效行为。如此就发生了个体将一直在左侧灰色格子与左上角格子之间反复徘徊的局面，无法到达拥有丰厚奖励的终止状态。因为个体的观测能力受限，当个体在两个不同的灰色格子中时，它无法区分这两个格子的区别且会认为它们是同一个格子，并会根据学习到的策略生成一个确定的行为，而这个行为对于个体处在其中的一个格子时可能是较优的行为，而对于个体处在另一个格子时就不是最优行为了。也就是说：在灰色格子状态下，依据价值函数可能会得到一个最优策略，其产生的行为总是向左移动，那么个体一旦进入左侧灰色格子就会发生一直左右徘徊的情况。这个例子说明：个体对于状态观测的特征不够多时，会导致多个状态发生重名情况，进而导致单纯基于状态或状态行为价值的学习得不到最优解。

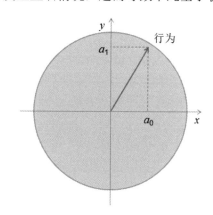

图 7.1 PuckWorld 中的个体连续行为空间

图 7.2 特征表示的状态发生重名情况

　　基于价值的学习对应的最优策略通常是确定性策略，因为其是从众多行为价值中选择一个最大价值的行为，而有些问题的最优策略却是随机策略，这种情况下同样是无法通过基于价值的学习来求解的。这其中很简单的一个例子就是"石头剪刀布"游戏。对于这个游戏，玩家的最优策略是随机出石头、剪刀、布中的一个，因为一旦遵循某个确定的策略，就容易被对手发现并利用，进而输给对方。

　　从上面的几个例子可以看出，基于价值的强化学习虽然能出色地解决很多问题，但是面对行为空间连续、观测受限、随机策略的学习等问题时仍然显得力不从心。此时基于策略的学习是解决这类问题的一个新途径。在基于策略的强化学习中，策略 π 可以被描述为一个包含参数 θ 的函数：

$$\pi_\theta(s,a) = P[a|s,\theta]$$

策略函数 π_θ 确定了在给定的状态和一定的参数设置下，采取任何可能行为的概率是一个概率密度函数。在实际应用这个策略时，选择最大概率对应的行为或者以此为基础进行一定程度的采样探索。可以认为，参数 θ 决定了策略的具体形式。因而求解基于策略的学习问题就转变为如何确定策略函数的参数 θ 的问题。同样可以设计一个基于参数 θ 的目标函数 $J(\theta)$，通过相应的算法来寻找最优参数。

7.2　策略目标函数

强化学习的目标就是让个体在与环境交互的过程中获得尽可能多的累积奖励，一个好的策略应该能准确反映强化学习的目标。对于一个能够形成完整状态序列的交互环境来说，由于一个策略决定了个体与环境的交互，因而可以设计目标函数 $J_1(\theta)$ 为使用策略 π_θ 时的**初始状态价值**（Start Value），也就是初始状态收获的期望值：

$$J_1(\theta) = V_{\pi_\theta}(s_1) = E_{\pi_\theta}[G_1] \tag{7.1}$$

有些环境没有明确的起始状态和终止状态，个体持续地与环境进行交互。在这种情况下，可以使用平均价值（Average Value）或者每一时间步长的平均奖励（Average Reward Per Time-Step）来设计策略目标函数：

$$J_{avV}(\theta) = \sum_s d^{\pi_\theta}(s)V_{\pi_\theta}(s)$$
$$J_{avR}(\theta) = \sum_s d^{\pi_\theta}(s)\sum_a \pi_\theta(s,a)R_s^a \tag{7.2}$$

其中，$d^{\pi_\theta}(s)$ 是基于策略 π_θ 生成的马尔可夫链关于状态的静态分布。这 3 种策略目标函数都与奖励相关，而且都试图通过奖励与状态或行为的价值联系起来。与价值函数近似的目标函数不同，策略目标函数的值越大，代表策略越优秀。可以使用与梯度下降相反的梯度上升（Gradient Ascent）来求解最优参数：

$$\nabla_\theta J(\theta) = \begin{bmatrix} \dfrac{\partial J(\theta)}{\partial \theta_1} \\ \dfrac{\partial J(\theta)}{\partial \theta_2} \\ \vdots \\ \dfrac{\partial J(\theta)}{\partial \theta_n} \end{bmatrix}$$

参数 θ 使用下式更新：

$$\Delta\theta = \alpha\nabla_\theta J(\theta)$$

假设现在有一个单步马尔可夫决策过程，对应的强化学习问题是个体与环境每产生一个行为、交互一次即得到一个即时奖励 $r = R_{s,a}$，并形成一个完整的状态序列。根据式（7.1），策略目标函数为：

$$J(\theta) = E_{\pi_\theta}[r]$$
$$= \sum_{s \in S} d(s) \sum_{a \in A} \pi_\theta(s,a) R_{s,a}$$

对应的策略目标函数的梯度为：

$$\nabla_\theta J(\theta) = \sum_{s \in S} d(s) \sum_{a \in A} \nabla_\theta \pi_\theta(s,a) R_{s,a}$$
$$= \sum_{s \in S} d(s) \sum_{a \in A} \pi_\theta(s,a) \nabla_\theta \log \pi_\theta(s,a) R_{s,a}$$
$$= E_{\pi_\theta}[\nabla_\theta \log \pi_\theta(s,a) r]$$

在上式中，$\nabla_\theta \log \pi_\theta(s,a)$ 称为分值函数（Score Function）。存在如下的策略梯度**定理**：对于任何可微的策略函数 $\pi_\theta(s,a)$ 以及 3 种策略目标函数 $J = J_1, J_{avV}, J_{avR}$ 中的任意一种来说，策略目标函数的梯度（策略梯度）都可以写成用分值函数表示的形式：

$$\nabla_\theta J(\theta) = E_{\pi_\theta}[\nabla_\theta \log \pi_\theta(s,a) Q_{\pi_\theta}(s,a)] \tag{7.3}$$

式（7.3）建立了策略梯度与分值函数以及行为价值函数之间的关系。分值函数在基于策略梯度的强化学习中有着很重要的意义。现在通过两个常用的基于线性特征组合的策略来解释说明。

1. Softmax 策略

Softmax 策略是应用于离散行为空间的一种常用策略。该策略使用描述状态和行为的特征 $\phi(s,a)$ 与参数 $\boldsymbol{\theta}$ 的线性组合来权衡一个行为发生的概率：

$$\nabla_\theta J(\theta) = E_{\pi_\theta}[\nabla_\theta \log \pi_\theta(s,a) Q_{\pi_\theta}(s,a)]$$

相应的分值函数为：

$$\nabla_\theta \log \pi_\theta(s,a) = \phi(s,a) - E_{\pi_\theta}[\phi(s,\cdot)] \tag{7.4}$$

假设一个个体的行为空间为 $[a_0, a_1, a_2]$，给定一个策略 $\pi(\theta)$，在某一状态 s 下分别采取 3 个行为得到的奖励为 -1、10、-1，同时计算得到的 3 个动作对应的特征与参数的线性组合 $\phi(s,a)$ 的结果分别为 4、5、9，则该状态下特征与参数线性组合的平均值为 6，那么 3 个行为在当前状态 s 下对应的分值分别为 -2、-1、3。分值越高，意味着在当前策略下对应行为被选中的概率越大，即此状态下依据当前策略将有非常大的概率采取行为 a_2，并得到奖励 -1。对比当前状态下各行为的即时奖励，此状态下的最优行为应该是 a_1。策略的调整应该使得奖励值为 10 的行为 a_1 出现的概率增大。因此将结合某一行为的分值对应的奖励来得到对应的梯度，并在此基础上调整参数，最终使得奖励越大的行为对应的分值越高。

2. 高斯策略

高斯策略是应用于连续行为空间的一种常用策略。该策略对应的行为从高斯分布 $N\left(\mu(s),\sigma^2\right)$ 中产生。其均值 $\mu(s)=\phi(s)^\mathsf{T}\theta$ 高斯策略对应的分值函数为：

$$\nabla_\theta \log \pi_\theta(s,a) = \frac{(a-\mu(s))\phi(s)}{\sigma^2} \tag{7.5}$$

对于连续行为空间中的每一个行为特征，由策略 $\pi(\theta)$ 产生的行为对应的特征分量都服从高斯分布，该分布中采样得到一个具体的行为分量，多个行为分量整体形成一个行为。采样得到的不同行为对应于不同的奖励，其中有正向奖励，也有负向奖励。优化策略就体现在对高斯分布均值的调整上，具体表现为对参数 θ 的更新，期待的效果为：那些获得正值奖励对应的行为在新的高斯分布策略中有更大的概率被个体选择。在具体更新高斯分布均值时，可以将原先获得正值奖励所对应的行为值的各个分量保持不变，作为计算新分布的采样点，而将原先获得负值奖励所对应的行为值的各个分量取相反数，作为计算新的分布的采样点。最终使得基于新分布的采样会较大概率产生在那些奖励值较高的行为值附近。

最终使得基于新分布的采样结果集中在那些奖励值较高的行为值上。

应用策略梯度可以比较容易地得到基于蒙特卡罗学习的策略梯度算法。该算法使用随机梯度上升来更新参数，同时使用某个状态的收获 G_t 来作为基于策略 π_θ 下行为价值 $Q_{\pi_\theta}(s_t,a_t)$ 的无偏采样。参数更新方法为：

$$\Delta\theta_t = \alpha\nabla_\theta \log \pi_\theta(s_t,a_t)G_t$$

该算法实际应用不多，主要是由于它需要完整的状态序列来计算收获值，同时用收获值来代替行为价值也存在较高的变异性，导致许多次的参数更新方向有可能不是真正策略梯度的方向。为了解决这一问题，提出了一种联合基于价值函数和策略函数的算法，这就是下文要介绍的 Actor-Critic 算法。

7.3　Actor-Critic 算法

Actor-Critic 算法的名字很形象，包含一个策略函数和行为价值函数，其中策略函数充当演员（Actor），生成行为与环境交互；行为价值函数充当评估者（Critic），负责评价演员的表现，并指导演员的后续行为。Critic 的行为价值函数是基于策略 π_θ 的一个近似：

$$Q_w(s,a) \approx Q_{\pi_\theta}(s,a)$$

基于此，Actor-Critic 算法遵循一个近似的策略梯度进行学习：

$$\nabla_\theta J(\theta) \approx E_{\pi_\theta}\left[\nabla_\theta \log \pi_\theta(s,a)Q_w(s,a)\right]$$
$$\Delta\theta = \alpha\nabla_\theta \log \pi_\theta(s,a)Q_w(s,a)$$

Critic 在算法中充当着策略评估的角色，由于 Critic 的行为价值函数也带参数 w，这意着它也需要学习，以便更准确地评估一个策略。可以使用第 6 章介绍的办法来学习训练一个近似价值函数。最基本的基于行为价值 Q 的 Actor-Critic 算法流程如算法 5 所示。

算法 5: QAC 算法

> **输入**: $\gamma, \alpha, \beta, \theta, w$
> **输出**: optimized θ, w
> initialize: *theta*, w; s from environment
> sample $a \sim \pi_\theta(s)$
> repeat for each step
> > perform action a
> > get $s', reward$ from environment
> > sample action $a' \sim \pi_\theta(s', a')$
> > $\delta = reward + \gamma Q_w(s', a') - Q_w(s, a)$
> > $\theta = \theta + \alpha \nabla_\theta log \pi_\theta(s, a) Q_w(s, a)$
> > $w = w + \beta \delta \phi(s, a)$
> > $a \leftarrow a', s \leftarrow s'$
> until num of step reaches limit;

简单的 QAC 算法虽然不需要完整的状态序列，但是引入的 Critic 仍然是一个近似价值函数，存在着引入偏差的可能性。当价值函数接受的输入特征和函数近似方式足够幸运时，可以避免这种偏差而完全遵循策略梯度的方向。

【定理】如果满足下面两个条件：

（1）近似价值函数的梯度与分值函数的梯度相同，即 $\nabla_w Q_w(s, a) = \nabla_\theta \log \pi_\theta(s, a)$。

（2）近似价值函数的参数 w 能够最小化，即 $\epsilon = \mathbb{E}_{\pi_\theta} \left[\left(Q_{\pi_\theta}(s, a) - Q_w(s, a) \right)^2 \right]$。

那么策略梯度 $\nabla_\theta J(\theta)$ 是准确的，即

$$\nabla_\theta J(\theta) = \mathbb{E}_{\pi_\theta} \left[\nabla_\theta \log \pi_\theta(s, a) Q_w(s, a) \right]$$

在实践过程中，使用 $Q_w(s, a)$ 来计算策略目标函数的梯度并不能保证每次都很幸运，有时还会发生数据过大等异常情况。出现这类问题是由于行为价值本身有较大的变异性。为了解决这个问题，提出一个与行为无关仅基于状态的基准（Baseline）函数 $B(s)$ 的概念，要求 $B(s)$ 满足：

$$\mathbb{E}_{\pi_\theta} \left[\nabla_\theta \log \pi_\theta(s, a) B(s) \right] = 0$$

当基准函数 $B(s)$ 满足上述条件时，可以将其从策略梯度中提取出，以减少变异性，同时不改变期望值，而基于状态的价值函数 $V_{\pi_\theta}(s)$ 就是一个不错的基准函数。令**优势函数**（Advantage Function）为：

$$A_{\pi_\theta}(s, a) = Q_{\pi_\theta}(s, a) - V_{\pi_\theta}(s) \tag{7.6}$$

那么策略目标函数梯度可以表示为：

$$\nabla_\theta J(\theta) = \mathbb{E}_{\pi_\theta} \left[\nabla_\theta \log \pi_\theta(s, a) A_{\pi_\theta}(s, a) \right] \tag{7.7}$$

优势函数相当于记录了在状态 s 时采取行为 a 会比停留在状态 s 多出的价值，这正好与策

略改善的目标是一致的，由于优势函数考虑的是价值的增量，因此大大减少了策略梯度的变异性，提高了算法的稳定性。在引入优势函数后，Critic 函数可以仅是优势函数的价值近似。优势函数的计算需要通过行为价值函数和状态价值函数相减得到，是否意味着需要设置两套函数近似来计算优势函数呢？其实不必如此，因为基于真实价值函数 $V_{\pi_\theta}(s)$ 的 TD 误差 δ_{π_θ} 就是优势函数的一个无偏估计：

$$\mathbb{E}_{\pi_\theta}\left[\sigma_{\pi_\theta}\mid s,a\right]=\mathbb{E}_{\pi_\theta}\left[r+\gamma V_{\pi_\theta}\left(s'\right)\mid s,a\right]-V_{\pi_\theta}\left(s\right)$$
$$=Q_{\pi_\theta}\left(s,a\right)-V_{\pi_\theta}\left(s\right)$$
$$=A_{\pi_\theta}\left(s,a\right)$$

因此又可以使用 TD 误差来计算策略梯度：

$$\nabla_\theta J\left(\theta\right)=\mathbb{E}_{\pi_\theta}\left[\nabla_\theta \log \pi_\theta\left(s,a\right)\delta_{\pi_\theta}\right] \tag{7.8}$$

在实际应用中，使用带参数 w 的近似价值函数 $V_w(s)$ 来近似 TD 误差：

$$\delta_w=r+\gamma V_w\left(s'\right)-V_w\left(s\right) \tag{7.9}$$

此时只需要一套参数 w 来描述 Critic。

在使用不同强化学习方法来进行 Actor-Critic 学习时，描述 Critic 的函数 $V_w(s)$ 的参数 w 可以通过下列形式更新：

（1）对于蒙特卡罗（MC）学习：

$$\Delta w=\alpha\left(G_t-V_w\left(s\right)\right)\phi\left(s\right)$$

（2）对于时序差分（TD(0)）学习：

$$\Delta w=\alpha\left(r+\gamma V\left(s'\right)-V_w\left(s\right)\right)\phi\left(s\right)$$

（3）对于前向 TD(λ) 学习：

$$\Delta w=\alpha\left(G_t^\lambda-V_w\left(s\right)\right)\phi\left(s\right)$$

（4）对于后向 TD(λ) 学习：

$$\delta_t=r_{t+1}+\gamma V_w\left(s_{t+1}\right)-V_w\left(s_t\right)$$
$$e_t=\gamma\lambda e_{t-1}+\phi\left(s_t\right)$$
$$\Delta w=\alpha\delta_t e_t$$

类似地地，策略梯度

$$\nabla_\theta J\left(\theta\right)=\mathbb{E}_{\pi_\theta}\left[\nabla_\theta \log \pi_\theta\left(s,a\right)A_{\pi_\theta}\left(s,a\right)\right]$$

也可以使用不同的学习方式来更新策略函数 $\pi_\theta(s,a)$ 的参数 θ。

（1）对于蒙特卡罗（MC）学习：

$$\Delta\theta = \alpha\left(G_t - V_w\left(s_t\right)\right)\nabla_\theta \log \pi_\theta\left(s_t, a_t\right)$$

（2）对于时序差分（TD(0)）学习：

$$\Delta\theta = \alpha\left(r + \gamma V_w\left(s_{t+1}\right) - V_w\left(s_t\right)\right)\nabla_\theta \log \pi_\theta\left(s_t, a_t\right)$$

（3）对于前向 TD(λ)学习：

$$\Delta\theta = \alpha\left(G_t^\lambda - V_w\left(s_t\right)\right)\nabla_\theta \log \pi_\theta\left(s_t, a_t\right)$$

（4）对于后向 TD(λ)学习：

$$\delta_t = r_{t+1} + \gamma V_w\left(s_{t+1}\right) - V_w\left(s_t\right)$$
$$e_t = \gamma\lambda e_{t-1} + \nabla_\theta \log \pi_\theta\left(s_t, a_t\right)$$
$$\Delta w = \alpha\delta_t e_t$$

7.4　深度确定性策略梯度算法

深度确定性策略梯度（DDPG）算法是使用深度学习技术、同时基于 Actor-Critic 算法的确定性策略算法。该算法中的 Actor 和 Critic 都使用深度神经网络来建立近似函数。由于该算法可以直接从 Actor 的策略生成确定的行为而不需要依据行为的概率分布进行采样，因而被称为确定性策略。该算法在学习阶段通过在确定性的行为基础上增加一个噪声函数，以实现在确定性行为周围的小范围内进行探索。此外，该算法还为 Actor 和 Critic 网络分别备份了一套参数来计算行为价值的期望值，以更稳定地提升 Critic 的策略指导水平。使用备份参数的网络称为目标网络，其对应的参数每次更新的幅度很小。另一套参数对应的 Actor 和 Critic 用来生成实际交互的行为以及计算相应的策略梯度，这一套参数每学习一次就更新一次。这种双参数设置的目的是减少因近似数据的引导性（Bootstrapping）而发生不收敛的情况。这 4 个网络具体使用的情景为：

（1）Actor 网络：根据当前状态 s_0 生成的探索或不探索的具体行为 a_0。
（2）Target Actor 网络：根据环境给出的后续状态 s_1 生成预估价值用到的 a_1。
（3）Critic 网络：计算状态 s_0 和生成的行为 a_0 对应的行为价值。
（4）Target Critic 网络：根据后续状态 s_1，a_1 生成用来计算目标价值 $y = Q\left(s_0, a_0\right)$ 的 $Q'\left(s_1, a_1\right)$。

DDPG 算法表现出色，能够较为稳定地解决连续行为空间下的强化学习问题，其具体流程如算法 6 所示。

算法 6: DDPG 算法

输入: $\gamma, \tau, \theta^Q, \theta^\mu$

输出: optimized θ^Q, θ^μ

randomly initialize critic network $Q(s, a|\theta^Q)$ and actor network $\mu(s|\theta^\mu)$ with weights θ^Q and θ^μ

initialize target network Q' and μ' with weights $\theta^{Q'} \leftarrow \theta^Q, \theta^{\mu'} \leftarrow \theta^\mu$

initialize replay experience buffer R

for episode from 1 to *Limit* **do**

    initialize a random process(noise) N for action exploration

    receive initial observation state s_1

    for $t = 1$ to T **do**

        selection action $a_t = \mu(s_t|\theta^\mu) + N_t$ according to the current policy and exploration noise

        execute action a_t, observe reward r_{t+1} and new state s_{t+1}

        store transition $(s_t, a_t, r_{t+1}, s_{t+1})$ in R

        sample a random minibatch of M transitions $(s_i, a_i, r_{i+1}, s_{i+1})$ from R

        set $y_i = r_{i+1} + \gamma Q'(s_{i+1}, \mu'(s_{i+1}|\theta^{\mu'})|\theta^{Q'})$

        update critic by minimizing the loss:

$$L = \frac{1}{M} \sum_i (y_i - Q(s_i, a_i|\theta^Q))^2$$

        update the actor policy using the sampled policy gradient:

$$\nabla_{\theta^\mu} J \approx \frac{1}{M} \sum_i \nabla_a Q(s, a|\theta^Q)|_{s=s_i, a=\mu(s_i)} \nabla_{\theta^\mu} \mu(s|\theta^\mu)|_{s_i}$$

        update the target networks:

$$\theta^{Q'} \leftarrow \tau\theta^Q + (1 - \tau)\theta^{Q'}$$
$$\theta^{\mu'} \leftarrow \tau\theta^\mu + (1 - \tau)\theta^{\mu'}$$

    end for

end for

本章的编程实践将实现 DDPG 算法,并观察该算法在具有连续行为空间的 PuckWorld 环境中的表现。

7.5　编程实践:DDPG 算法实现

本节的编程实践将先简要介绍具有连续行为空间的 PuckWorld 的特点,随后实现 DDPG 算法,具体包括 Critic 网络和 Actor 网络的实现、具有 DDPG 算法功能的 DDPGAgent 子类的实现。最后编写代码观察该子类的实例如何与具有连续行为空间的 PuckWorld 环境交互的表现。读者可以从中体会 DDPG 算法的核心部分和使用 PyTorch 机器学习库优化网络参数带来的便利性。

7.5.1　连续行为空间的 PuckWorld 环境

本章的前文部分介绍了 PuckWorld 环境中连续行为空间的设计思路,即连续行为空间由两个特征组成,分别表示个体在水平和竖直方向上一个时间步长内接受的力的大小,其数值范围被限定在区间[-1，1]内。编写具有连续行为空间的 PuckWorld 类并不难，这里附上它与个体交互的核心方法 step，以帮助读者明确个体与它交互的具体机制。读者可以在 puckworld_continuous.py 文件中查看完整的代码。

```python
# 该段代码不是完整的 PuckWorldEnv 代码
def step(self, action):
    self.action = action
    # 获取个体状态信息，分别为位置坐标、速度和目标 Puck 的位置
    ppx, ppy, pvx, pvy, tx, ty = self.state
    ppx, ppy = ppx + pvx, ppy + pvy  # 依据当前速度更新个体位置
    pvx, pvy = pvx*0.95, pvy*0.95    # 摩擦作用会少量降低速度
    # 水平、竖直方向的行为对速度分量的影响
    pvx += self.accel * action[0]
    pvy += self.accel * action[1]
    # 速度被限制在特定范围内
    pvx = self._clip(pvx, -self.max_speed, self.max_speed)
    pvy = self._clip(pvy, -self.max_speed, self.max_speed)
    # 个体碰到四周的墙壁，速度方向发生改变，大小损失一半
    if ppx < self.rad:          # 左侧边界
        pvx *= -0.5 ppx = self.rad
    if ppx > 1 - self.rad:      # 右侧边界
        pvx *= -0.5

        ppx = 1 - self.rad
    if ppy < self.rad:          # 底部边界
        pvy *= -0.5
        ppy = self.rad
    if ppy > 1 - self.rad:      # 上方边界
        pvy *= -0.5
        ppy = 1 - self.rad
    self.t += 1                 # 时间步长增加 1，每隔一定时间随机改变 Puck 的位置
    if self.t \% self.update_time == 0:
        tx = self._random_pos()
        ty = self._random_pos()
    # 根据个体与 Puck 的距离来确定奖励
    dx, dy = ppx - tx, ppy - ty
    dis = self._compute_dis(dx, dy)
    self.reward = self.goal_dis - dis
    done = bool(dis <= self.goal_dis)
    # 反馈给个体观测状态以及奖励信息等
    self.state = (ppx, ppy, pvx, pvy, tx, ty)
    return np.array(self.state), self.reward, done,{}
```

7.5.2　Actor-Critic 网络的实现

在 DDPG 算法中，Critic 网络充当评判家的角色，评估个体在当前状态下的价值以指导策略产生行为；Actor 网络负责根据当前状态生成具体的行为。使用 PyTorch 库中的神经网络来构建这两个近似函数，导入相关的包，为了增加模型的收敛型，使用一种更有效的网络参数的初始化方法。相关代码如下：

```python
import torch
import torch.nn as nn
import torch.nn.functional as F
import numpy as np
def fanin_init(size, fanin=None):
    '''一种较合理的初始化网络参数，参考 https://arxiv.org/abs/1502.01852'''
    fanin = fanin or size[0]
    v = 1. / np.sqrt(fanin)
    x = torch.Tensor(size).uniform_(-v, v) # 从-v 到 v 的均匀分布
    return x.type(torch.FloatTensor)
```

Critic 网络接受的输入是个体观测的特征数以及行为的特征数，输出"状态-行为对"的价值。考虑到个体对于观测状态进行特征提取的需要，本例设计的 Critic 共有 3 个隐藏层，处理状态的隐藏层和行为的隐藏层先分开运算，通过最后一个隐藏层全连接在一起输出"状态-行为对"价值。该网络属于价值函数近似的第二种类型，架构如图 7.3 所示。

具体的代码如下：

```python
class Critic(nn.Module):
    def __init__(self, state_dim, action_dim):
        '''构建一个评判家模型
        Args:
            state_dim: 状态特征的数量 (int)
            action_dim: 行为作为输入特征的数量 (int)
        '''
        super(Critic, self).__init__()

        self.state_dim = state_dim
        self.action_dim = action_dim

        self.fcs1 = nn.Linear(state_dim, 256)     # 状态第一次线性变换
        self.fcs1.weight.data = fanin_init(self.fcs1.weight.data.size())
        self.fcs2 = nn.Linear(256,128)            # 状态第二次线性变换
        self.fcs2.weight.data = fanin_init(self.fcs2.weight.data.size())

        self.fca1 = nn.Linear(action_dim, 128)  # 行为第一次线性变换
        self.fca1.weight.data = fanin_init(self.fca1.weight.data.size())

        self.fc2 = nn.Linear(256,128)       # (状态+行为)联合的线性变换，注意参数值
```

```
    self.fc2.weight.data = fanin_init(self.fc2.weight.data.size())

    self.fc3 = nn.Linear(128,1)        # (状态+行为)联合的线性变换
    self.fc3.weight.data.uniform_(-EPS,EPS)

def forward(self, state, action):
    '''前向运算，根据状态和行为的特征得到评判家给出的价值
    Args:
        state 状态的特征表示 torch Tensor [n, state_dim]
        action 行为的特征表示 torch Tensor [n, action_dim]
    Returns:
        Q(s,a) Torch Tensor [n, 1]
    '''
    # 该网络属于价值函数近似的第二种类型，根据状态和行为输出一个价值
    #print("first action type:{}".format(action.shape))
    state = torch.from_numpy(state)
    state = state.type(torch.FloatTensor)

    action = action.type(torch.FloatTensor)
    s1 = F.relu(self.fcs1(state))
    s2 = F.relu(self.fcs2(s1))

    a1 = F.relu(self.fca1(action))
    # 将状态和行为连接起来，使用第二种近似函数架构(s,a)-> Q(s,a)
    x = torch.cat((s2,a1), dim=1)

    x = F.relu(self.fc2(x))
    x = self.fc3(x)

    return x
```

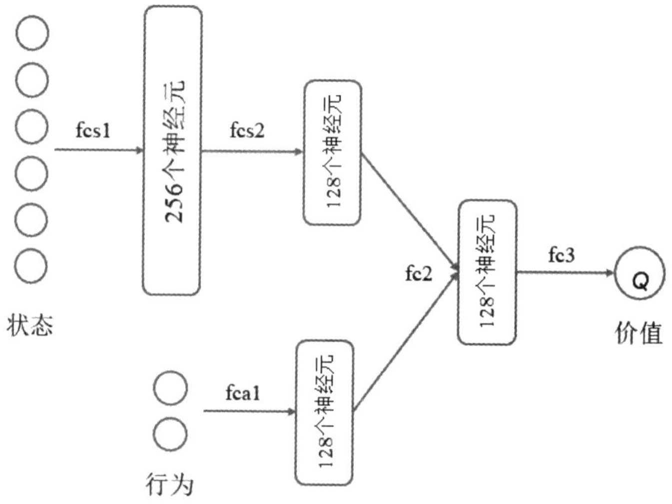

图 7.3 Critic 网络架构

Actor 网络接受的输入是个体观测的特征数，输出每一个行为特征具体的值，属于第三类近似函数架构。本例设计的 Actor 网络共有 3 个隐藏层，层与层之间全连接。该网络的架构如图 7.4 所示。

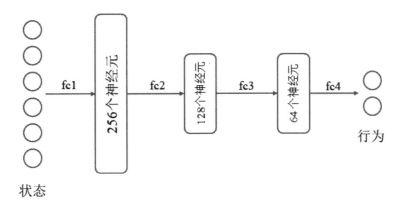

图 7.4　Actor 网络架构

具体代码如下：

```python
EPS = 0.003
class Actor(nn.Module):
    def __init__(self, state_dim, action_dim, action_lim):
        '''构建一个演员模型
        Args:
            state_dim: 状态特征的数量 (int)
            action_dim: 行为作为输入特征的数量 (int)
            action_lim: 行为值的限定范围 [-action_lim, action_lim]
        '''
        super(Actor, self).__init__()
        self.state_dim = state_dim
        self.action_dim = action_dim
        self.action_lim = action_lim
        self.fc1 = nn.Linear(self.state_dim, 256)
        self.fc1.weight.data = fanin_init(self.fc1.weight.data.size())

        self.fc2 = nn.Linear(256,128)
        self.fc2.weight.data = fanin_init(self.fc2.weight.data.size())
        self.fc3 = nn.Linear(128,64)
        self.fc3.weight.data = fanin_init(self.fc3.weight.data.size())
        self.fc4 = nn.Linear(64, self.action_dim)
        self.fc4.weight.data.uniform_(-EPS,EPS)

    def forward(self, state):
        '''前向运算，根据状态的特征表示得到具体的行为值
        Args:
```

```
    state 状态的特征表示 torch Tensor [n, state_dim]
Returns:
    action 行为的特征表示 torch Tensor [n, action_dim]
'''
state = torch.from_numpy(state)
state = state.type(torch.FloatTensor)
x = F.relu(self.fc1(state))
x = F.relu(self.fc2(x))
x = F.relu(self.fc3(x))
action = F.tanh(self.fc4(x))          # 输出范围-1,1
action = action * self.action_lim    # 更改输出范围
return action
```

7.5.3 确定性策略下探索的实现

通常在连续行为空间下的确定性策略每次都是根据当前状态生成一个代表行为的确切向量。为了能实现探索，可以在生成的行为基础上添加一个随机噪声，使其在确切的行为周围实现一定范围的探索。比较合适的噪声模型是 Ornstein-Uhlenbeck 过程，可以生成符合高斯分布、马尔可夫过程的随机过程，通过实现类 OrnsteinUhlenbeckActionNoise 来生成一定维度的噪声数据，并将其放入 utils 文件中。

```
class OrnsteinUhlenbeckActionNoise:
    def __init__(self, action_dim, mu = 0, theta = 0.15, sigma = 0.2):
        self.action_dim = action_dim
        self.mu = mu
        self.theta = theta
        self.sigma = sigma
        self.X = np.ones(self.action_dim) * self.mu
    def reset(self):
        self.X = np.ones(self.action_dim) * self.mu
    def sample(self):
        dx = self.theta * (self.mu - self.X)
        dx = dx + self.sigma * np.random.randn(len(self.X))
        self.X = self.X + dx
    return self.X
```

7.5.4 DDPG 算法的实现

本例中，DDPG 算法被整合至 DDPGAgent 类（继承自 Agent 基类）中。在 DDPGAgent 类中，将实现包括更新参数在内的所有主要功能。由于 DDPG 算法涉及两套网络参数，并且这两套网络参数分别使用两种参数更新方法（一种是称为 hard_update 的完全更新，另一种是称为 soft_update 的小幅度更新）。因此先编写一个辅助函数实现这两个方法，并将其加入 utils.py 文件中：

```python
def soft_update(target, source, tau):
    """
    使用下式将 source 网络(x)参数软更新至 target 网络(y)参数:
    y = tau * x + (1 - tau)*y
    Args:
        target: 目标网络(PyTorch)
        source: 源网络 network (PyTorch)
    Return: None
    """
    for target_param, param in zip(target.parameters(),
                                   source.parameters()):
        target_param.data.copy_(
            target_param.data*(1.0 - tau) + param.data * tau
        )


def hard_update(target, source):
    """
    将 source 网络(x)参数完全更新至 target 网络(y)参数:
    Args:
        target: 目标网络 (PyTorch)
        source: 源网络 network (PyTorch)
    Return: None
    """
    for target_param, param in zip(target.parameters(),\
                                   source.parameters()):
        target_param.data.copy_(param.data)
```

下面着手实现 DDPGAgent。首先导入一些需要使用的库和方法:

```python
from random import random, choice
from gym import Env, spaces
import gym
import numpy as np
import torch
from torch import nn
import torch.nn.functional as F
from tqdm import tqdm
from core import Transition, Experience, Agent
from utils import soft_update, hard_update
from utils import OrnsteinUhlenbeckActionNoise
from approximator import Actor, Critic
```

DDPGAgent 类接受一个环境对象,同时接受相关的学习参数等。从环境对象可以得到状态和行为的特征数量,以此来构建 Actor 和 Critic 网络。构造函数声明了两套网络,在初始时两套网络对应的参数通过硬复制,其数值相同,代码如下:

```python
class DDPGAgent(Agent):
    '''使用Actor-Critic算法结合深度学习的个体
    '''
    def __init__(self, env: Env = None,
                 capacity = 2e6,
                 batch_size = 128,
                 action_lim = 1,
                 learning_rate = 0.001,
                 gamma = 0.999,
                 epochs = 2):
        if env is None:
            raise "agent should have an environment"
        super(DDPGAgent, self).__init__(env, capacity)
        self.state_dim = env.observation_space.shape[0]    # 状态连续
        self.action_dim = env.action_space.shape[0]         # 行为连续
        self.action_lim = action_lim    # 行为值限制
        self.batch_size = batch_size    # 批量学习一次的状态转换数量
        self.learning_rate = learning_rate    # 学习率
        self.gamma = 0.999                     # 衰减因子
        self.epochs = epochs                   # 状态转换学习的次数（epoch）
        self.tau = 0.001                       # 软复制的系数
        self.noise = OrnsteinUhlenbeckActionNoise(self.action_dim)
        self.actor = Actor(self.state_dim, self.action_dim, self.action_lim)
        self.target_actor = Actor(self.state_dim, self.action_dim,
                                  self.action_lim)
        self.actor_optimizer = torch.optim.Adam(self.actor.parameters(),
                                                self.learning_rate)
        self.critic = Critic(self.state_dim, self.action_dim)
        self.target_critic = Critic(self.state_dim, self.action_dim)
        self.critic_optimizer = torch.optim.Adam(
                                    self.critic.parameters(),
                                    self.learning_rate)
        hard_update(self.target_actor, self.actor)    # 硬复制
        hard_update(self.target_critic, self.critic)   # 硬复制
        return
```

由于是连续行为，因此本例将放弃 Agent 基类的 policy 方法，转而声明下面两个新方法来实现确定性策略中的探索和利用：

```python
def get_exploitation_action(self, state):
    '''得到给定状态下依据目标Actor网络计算出的行为，不探索
    Args:
        state numpy 数组 Returns:
        action numpy 数组
    '''
```

```
        action = self.target_actor.forward(state).detach()
        return action.data.numpy()

    def get_exploration_action(self, state):
        '''得到给定状态下根据 Actor 网络计算出的带噪声的行为, 模拟一定的探索
        Args:
            state numpy 数组
        Returns:
            action numpy 数组
        '''
        action = self.actor.forward(state).detach()
        new_action = action.data.numpy() + \
                      (self.noise.sample() * self.action_lim)
        new_action = new_action.clip(min = -1*self.action_lim,
                                     max = self.action_lim)

        return new_action
```

同 DQN 算法一样, DDPG 算法也是基于经验回放的, 并且参数的更新都是通过训练从经验中随机得到的多个状态转换而来的。本例把这些参数更新的过程放在从记忆学习方法 _learn_from_memory 中。该方法是 DDPG 的核心, 从中可以体会两套网络具体应用的时机, 具体代码如下:

```
    def _learn_from_memory(self):
        '''从记忆学习, 更新两个网络的参数
        '''
        # 随机获取记忆里的 Transmition
        trans_pieces = self.sample(self.batch_size)
        s0 = np.vstack([x.s0 for x in trans_pieces])
        a0 = np.array([x.a0 for x in trans_pieces])
        r1 = np.array([x.reward for x in trans_pieces])
        # is_done = np.array([x.is_done for x in rans_pieces])
        s1 = np.vstack([x.s1 for x in trans_pieces])
        # 优化 Critic 网络参数
        a1 = self.target_actor.forward(s1).detach()
        next_val = torch.squeeze(self.target_critic.forward(s1, a1).detach())
        # y_exp = r + gamma*Q'( s2, pi'(s2))
        y_expected = r1 + self.gamma * next_val

        y_expected = y_expected.type(torch.FloatTensor)
        # y_pred = Q( s1, a1)
        a0 = torch.from_numpy(a0)      # 转换成张量（Tensor）
        y_predicted = torch.squeeze(self.critic.forward(s0, a0))
        # compute critic loss, and update the critic
        loss_critic = F.smooth_l1_loss(y_predicted, y_expected)
```

```
self.critic_optimizer.zero_grad()
loss_critic.backward()
self.critic_optimizer.step()
# 优化 Actor 网络参数，优化的目标是使得 Q 增大
pred_a0 = self.actor.forward(s0)     # 为什么不直接使用 a0
# 反向梯度下降(梯度上升)，以某状态的价值评估为策略目标函数
loss_actor = -1 * torch.sum(self.critic.forward(s0, pred_a0))
self.actor_optimizer.zero_grad()
loss_actor.backward()
self.actor_optimizer.step()
# 软更新参数
soft_update(self.target_actor, self.actor, self.tau)
soft_update(self.target_critic, self.critic, self.tau)
return (loss_critic.item(), loss_actor.item())
```

学习方法 learning_method 的改动不大，依旧负责个体与环境实际交互并实现一个完整的状态序列：

```
def learning_method(self, display = False, explore = True):
    self.state = np.float64(self.env.reset())
    time_in_episode, total_reward = 0, 0
    is_done = False
    loss_critic, loss_actor = 0.0, 0.0
    while not is_done:
        # add code here
        s0 = self.state
        if explore:
            a0 = self.get_exploration_action(s0)
        else:
            a0 = self.actor.forward(s0).detach().data.numpy()
        s1, r1, is_done, info, total_reward = self.act(a0)
        if display:
            self.env.render()
        if self.total_trans > self.batch_size:
            loss_c, loss_a = self._learn_from_memory()
            loss_critic += loss_c loss_actor += loss_a
        time_in_episode += 1
    loss_critic /= time_in_episode
    loss_actor /= time_in_episode
    if display:
        print("{}".format(self.experience.last_episode))
    return time_in_episode, total_reward, loss_critic, loss_actor
```

最后，重写 learning 方法，并编写能够保存和加载网络参数功能的方法，使得可以在训练过程中保存训练成果：

```python
def learning(self,max_episode_num = 800, display = False,
             explore = True):
    total_time, episode_reward, num_episode = 0,0,0
    total_times, episode_rewards, num_episodes = [], [], []
    for i in tqdm(range(max_episode_num)):
        time_in_episode, episode_reward, loss_critic, loss_actor = \
            self.learning_method(display = display, explore = explore)
        total_time += time_in_episode
        num_episode += 1
        total_times.append(total_time)
        episode_rewards.append(episode_reward)
        num_episodes.append(num_episode)
        print("episode:{:3}: loss critic:{:4.3f}, loss_actor:{:4.3f}".\
            format(num_episode-1, loss_critic, loss_actor))
        if explore and num_episode % 100 == 0:
            self.save_models(num_episode)
    return total_times, episode_rewards, num_episodes

def save_models(self, episode_count):
    torch.save(self.target_actor.state_dict(), './Models/' + str(
        episode_count) + '_actor.pt')
    torch.save(self.target_critic.state_dict(), './Models/' + str(
        episode_count) + '_critic.pt')
    print("Models saved successfully")

def load_models(self, episode):
    self.actor.load_state_dict(torch.load('./Models/' + str(episode) +\
                                '_actor.pt'))
    self.critic.load_state_dict(torch.load('./Models/' + str(episode)+\
                                '_critic.pt'))
    hard_update(self.target_actor, self.actor)
    hard_update(self.target_critic, self.critic)
    print("Models loaded successfully")
```

这样一个具备 DDPG 算法的个体就完成了，下面将观察该算法在具有连续行为空间 PuckWorld 中的表现。

7.5.5　DDPG 算法在 PuckWorld 环境中的表现

导入需要的库和方法：

```python
import gym
from puckworld_continuous import PuckWorldEnv
from ddpg_agent import DDPGAgent
```

```
from utils import learning_curve
import numpy as np
```

建立环境和 DDPG 个体对象：

```
env = PuckWorldEnv()
agent = DDPGAgent(env)
```

启动学习过程：

```
data = agent.learning(max_episode_num = 200, display = False)
```

在执行上述代码的过程中，个体完成初期的状态序列花费时间较长，但得益于基于经验的学习，仅经过数十个完整的序列后个体就可以比较成功地完成任务了。其学习曲线如图 7.5 所示。

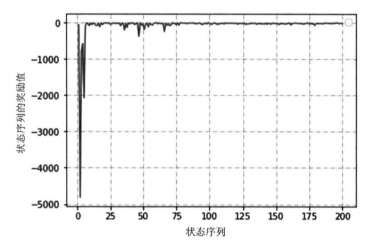

图 7.5　DDPG 算法在连续行为空间 PuckWorld 中的表现

读者可以使用下面的代码加载已经进行过 300 次完整序列的模型，将 display 设置为 True、explore 设置为 False 来观察个体的表现。

```
agent.load_models(300)
data = agent.learning(max_episode_num = 100,
                      display = True,
                      explore = False)
```

关闭可视化界面：

```
env.close()
```

第8章 基于模型的学习和规划

多数强化学习问题可以通过查表式或基于近似函数的方法来直接学习状态价值或策略函数,在这些学习方法中,个体并不会试图去理解环境动力学特征(即环境规则)。如果能建立一个较为准确地模拟环境动力学特征的模型,或者当问题的本身就类似于一些棋类游戏等规则非常明确且开放给个体时,个体就可以通过构建一个模型来模拟或复制环境的动力学特征,随后通过这个模型来模拟其与环境的交互。这种交互并不是个体实际发生的与环境的交互,而是个体根据现有的各种策略与模型发生的模拟交互,它非常类似于人类使用大脑进行"思考"的过程,也类似于用军事上的沙盘或计算机推演。通过"思考""推演",个体可以对问题进行不同方向的规划、在与模拟环境的模型进行虚拟交互时分析和判断各种交互可能产生的后果,并形成个体当前认为最优的策略,再将该策略应用于个体与环境实际的交互过程中,进而验证和优化当前的策略。这种构建模型进行思考推演在付诸实践的思想,可以广泛应用于规则简单但状态或结果复杂的强化学习问题。

8.1 环境的模型

模型是个体构建的对于环境动力学特征的一种表示。在解决强化学习问题时,个体可以选择不建立模型,通过与环境直接进行交互而学习得到状态的价值函数或策略函数。在某些情况下,例如环境的动力学特征比较简单或者个体不想与环境进行过多的实际交互,个体可以先与环境进行直接交互来构建一个模型,再根据这个模型去学习得到状态的价值函数或学习得到一个策略函数。当个体拥有一个较为准确的描述环境动力学特征的模型时,它在与环境交互的过程中,既可以通过实际交互来提高其所构建的模型的准确程度,也可以在与环境实际交互的间隙利用构建的模型进行思考、规划,决策出对个体有利的行为。基于模型的强化学习流程可以用图 8.1 来表示。

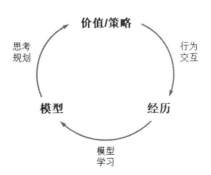

图 8.1 基于模型的强化学习流程

从理论上来说，模型 M 为一个马尔可夫决策过程 MDP<S,A,P,R>的参数化表现形式。假设状态和行为空间是已知的，那么模型 $M=<P_\eta, R_\eta>$描述了环境动力学中的状态转换 $P_\eta \approx P$ 和奖励函数 $R_\eta \approx R$：

$$S_{t+1} \sim P_\eta \left(S_{t+1} \mid S_t, A_t \right)$$
$$R_{t+1} = R_\eta \left(R_{t+1} \mid S_t, A_t \right)$$

并且假设状态转换和奖励之间是条件独立的：

$$P\left[S_{t+1}, R_{t+1} \mid S_t, A_t \right] = P\left[S_{t+1} \mid S_t, A_t \right] P\left[R_{t+1} \mid S_t, A_t \right]$$

学习一个模型相当于从经历 $S_1, A_1, R_2, \cdots, S_T$ 中通过监督式学习得到一个 M_η。其中：

（1）训练数据为：

$$S_1, A_1 \rightarrow R_2, S_2$$
$$S_2, A_2 \rightarrow R_3, S_3$$
$$\vdots$$
$$S_{T-1}, A_{T-1} \rightarrow R_T, S_T$$

（2）从 $s, a \rightarrow r$ 是一个回归问题，从 $s, a \rightarrow s'$ 是一个概率密度估计问题。所有监督式学习的相关算法都可以用来解决这两个问题。

根据具体使用算法的不同和状态的特征表示模型，可以有传统的查表式模型以及基于深度神经网络的模型等。各种模型的构建和学习本质都是通过训练得到最符合经历数据的参数 η。下文仅通过查表式模型来解释模型的构建和学习。

查表式模型将经历得到的状态转移和概率存入一个表中，需要时通过检索表格得到相关数据。其中状态转移概率和奖励的计算方法为：

$$\hat{P}_{ss'}^a = \frac{1}{N(s,a)} \sum_{t=1}^T 1\left(S_t, A_t, S_{t+1} = s, a, s' \right)$$
$$\hat{R}_s^a = \frac{1}{N(s,a)} \sum_{t=1}^T \left(S_t, A_t = s, a \right) R_t$$

在实际使用模型虚拟一个经历时，并不直接使用上述公式，而是从符合当前状态和行为 (s, a) 的状态转换集合中，依据状态 s 后续状态的概率分布采样得到一个 $<s, a, \hat{r}, \hat{s}'>$ 作为虚拟经历。

建立模型是为了解决问题，这一过程是通过规划来进行的。而规划的过程相当于解决一个 MDP 的过程，即给定一个模型 $M_\eta = \langle P_\eta, R_\eta \rangle$，求解基于该模型的 MDP< $S, A, P_\eta, R_{\{eta\}}$ >，最终找到基于该模型的最优价值函数或最优策略。求解已知 MDP 的强化学习问题可以从本书一开始介绍的价值迭代、策略迭代等方法来进行，对于状态和行为空间规模较大的 MDP 问题，可以使用基于模型的采样，在采样得到的虚拟经历基础上使用无模型的强化学习方法，例如 MC 学习、TD 学习等方法。不过，由于实际经历的不足或者一些无法避免的缺陷，通过已发生的实际经历学习得到的模型不可能是完美的模型，即

$$< P_\eta, R_\eta > \neq < P, R >$$

从基于不完美模型的 MDP 中学习得到的最优策略通常也不是实际问题的最优策略，这就要求个体在环境实际交互的同时要不断地更新模型参数，基于更新的模型来优化最优策略。这种使用近似的模型解决强化学习问题，与使用价值函数或策略函数的近似表达来解决强化学习问题并不冲突，它们是从不同角度来近似求解一个强化学习问题，当构建一个模型比构建近似价值函数或近似策略函数更加方便时，使用近似模型来求解会更加高效。使用模型来解决强化问题时要特别注意模型参数要随着个体与环境交互而不断地动态更新，即通过实际经历要与使用模型产生的虚拟经历相结合来解决问题，这就催生了一类整合了学习与规划的强化学习算法——Dyna 算法。

8.2　整合学习与规划——Dyna 算法

Dyna 算法从实际经历中学习得到模型，同时联合使用实际经历和基于模型采样得到的虚拟经历来学习和规划，更新价值或策略函数（见图 8.2）。基于行为价值的 Dyna-Q 算法的流程如算法 7 所示。

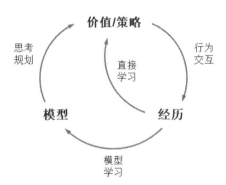

图 8.2　基于模型的强化学习流程

算法 7: Dyna-Q 算法

输入: Q, γ, α

输出: optimized Q

initialize: $Q(s, a)$ and $Model(s, a)$ for all $s \in \mathbb{S}$ and $a \in \mathbb{A}(s)$

repeat for ever

  $S \leftarrow$ current(nonterminal) state

  $A \leftarrow \epsilon - greedy(S, Q)$

  execute action A; observe resultant reward R and next state S'

  $Q(S, A) \leftarrow Q(S, A) + \alpha[R + \gamma max_a Q(S', a) - Q(S, A)]$

  $Model(S, A) \leftarrow R, S'$ (assuming deterministic environment)

  repeat n times

    $S \leftarrow$ random previously observed state

    $A \leftarrow$ random action previously taken in S

    $R, S' \leftarrow Model(S, A)$

    $Q(S, A) \leftarrow Q(S, A) + \alpha[R + \gamma max_a Q(S', a) - Q(S, A)]$

  until;

until;

8.3 基于模拟的搜索

在强化学习中，基于模拟的搜索（Simulation-based Search）是一种前向搜索形式，它从当前时刻的状态开始，利用模型来模拟采样，构建一个关注短期未来的前向搜索树，将构建得到的搜索树作为一个学习资源，再使用无模型的强化学习方法来寻找当前状态下的最优策略（见图 8.3）。如果使用蒙特卡罗学习方法，则称为蒙特卡罗搜索；如果使用 Sarsa 学习方法，则称为 TD 搜索。其中，蒙特卡罗搜索又分为简单蒙特卡罗搜索和蒙特卡罗树搜索。

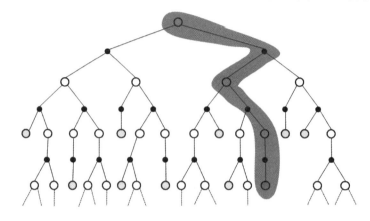

图 8.3 始于状态 S_t 的基于模拟的搜索

8.3.1 简单蒙特卡罗搜索

给定一个模型 M_v 和一个在模拟采样过程中使用的策略 π，对于当前个体实际所处的状态 s_t，简单蒙特卡罗搜索对行为空间中的每一个行为 $a \in A$ 都进行 K 次的模拟采样至终止状态，并生成自状态 s_t 开始的 K 个完整序列：

$$\{s_t, a, R_{t+1}^k, S_{t+1}^k, A_{t+1}^k, \cdots, S_T^k\}_{k=1}^K \sim M_v, \pi$$

根据每一个完整的状态序列，我们可以计算出"状态-行为对"(s_t, a) 在当前完整状态序列下对应的收获值，那么对于 K 个自状态 s_t 开始的完整序列，一共可以得到状态 s_t 的 K 个收获值。取得的 K 个收获值的平均值作为在"状态-行为对"(s_t, a) 的价值：

$$Q(s_t, a) = \frac{1}{K} \sum_{k=1}^K G_t$$

比较行为空间中所有行为 a 的价值，选择在当前状态 s_t 下要与环境发生实际交互的行为 a_t，目的是选择最优的行为：

$$a_t = \arg\max_{a \in A} Q(s_t, a)$$

简单蒙特卡罗搜索使用基于模拟的采样对当前模拟采样的策略进行评估，得到基于模拟采样的某"状态-行为对"的价值，这个价值的评估与每次采样的规模（也就是 K 值的大小）有关。在估算行为价值时，关注点是当前状态和行为对应的收获值，而不是模拟采样得到的一些中间状态和对应行为的价值。如果要同时考虑模拟得到的中间状态和行为的价值，则要考虑蒙特卡罗树搜索。

8.3.2　蒙特卡罗树搜索

蒙特卡罗树搜索（Monte-Carlo Tree Search，MCTS）在为当前状态 s_t 构建基于模拟的前向搜索时，通过关注模拟采样中所经历的所有状态及对应的行为来构建一棵搜索树。利用这棵搜索树不仅可以对当前模拟策略进行评估，还可以改善模拟策略。

给定一个模型 M_v 和一个在模拟采样过程中使用的策略 π，对于当前个体实际所处的状态 s_t，蒙特卡罗树搜索根据当前模拟策略采样至终止状态得到一个完整的状态序列，如此重复 K 次生成 K 个以 s_t 为起始状态的完整序列：

$$\{s_t, A_t^k, R_{t+1}^k, S_{t+1}^k, \cdots, S_T^k\}_{k=1}^K \sim M_v, \pi$$

根据模拟采样得到的 K 个完整序列，构建一棵以状态 s_t 为根节点包括所有已访问的状态和行为的搜索树。对树内出现的每一个"状态-行为对" (s,a)，用其平均收获值作为对该"状态-行为对"价值的预估：

$$Q(s,a) = \frac{1}{N(s,a)} \sum_{k=1}^K \sum_{u=t}^T \mathbf{1}\left(S_u, A_u = s, a\right) G_u$$

当搜索结束时，比较当前状态 s_t 下在搜索树中存在的每一个模拟行为对应的预估的行为价值，从中选择最大价值对应的行为 a_t，作为当前状态 s_t 时个体与环境实际交互的行为。

$$a_t = \arg\max_{a \in A} Q(s_t, a)$$

比较简单蒙特卡罗搜索和蒙特卡罗树搜索，可以看出两者之间的区别在于：当个体处在某一个实际状态 s_t 时，前者会根据模拟策略，对每一个可能的行为都会采样生成相同预设数量（如前文所述的 K 次）的完整状态序列，而后者则是根据模拟策略进行采样一共生成预设数量（如前文所述的 K 次）的完整状态序列，这意味着在蒙特卡罗数搜索中，并不一定能保证模拟策略会模拟产生行为空间中的每一个行为。此外，蒙特卡罗树搜索会对模拟采样产生的每一个"状态-行为对"进行计数，计算其收获值，并将平均收获值作为该"状态-行为对"的预估价值。比较两者之间的差别可以看出，如果问题的行为空间规模很大，那么使用蒙特卡罗树搜索比简单蒙特卡罗搜索要更实际可行。在蒙特卡罗树搜索中，搜索树的广度和深度是伴随着模拟采样的增多而逐渐增多的。此外，在构建搜索树的过程中，搜索树内"状态-行为对"的价值也在不停地更新，利用这些更新的价值信息，可以使得在每轮模拟采样得到一个完整的状态序列之后都可以从一定程度上改进模拟策略。

通常蒙特卡罗树搜索的策略分为两个阶段：

（1）树内策略（Tree Policy）：当模拟采样得到的状态存在于当前的搜索树中时适用的策略。树内策略可以是 ϵ 贪婪策略，随着模拟的进行得到持续改善。

（2）默认策略（Default Policy）：当前模拟采样得到的状态不在搜索树内时，使用一个预设的默认策略来完成采样直至生成一个完整的状态序列，随后把当前状态纳入搜索树中。默认策略可以是随机策略或基于某个目标价值函数的策略。

随着不断地重复模拟，"状态-行为对"的价值将持续得到评估。同时搜索树的深度和广度得到扩展，策略也不断得到改善。蒙特卡罗树搜索较为抽象，本章暂时介绍到这里，在第 10 章介绍 Alpha Zero 算法时将会利用五子棋实例来讲解蒙特卡罗树搜索过程的细节。

第 9 章　探索与利用

在强化学习问题中，探索和利用是一对矛盾：探索强调尝试不同的行为，继而收集更多的信息，利用则强调做出当前信息下的最佳决定。**探索**可能会牺牲一些短期利益，但通过搜集更多信息而获得较为长期的、准确的利益；**利用**侧重于对根据已掌握的信息做到短期利益的最大化。探索不能无止境地进行，否则就牺牲了太多的短期利益进而导致整体利益受损；同时也不能太看重短期利益而忽视一些未探索的、可能会带来巨大利益的行为。因此，如何做好探索和利用之间的平衡是强化学习领域的一个重要课题。

根据探索过程中使用的数据结构，可以将探索分为依据状态行为空间的探索（State-Action Exploration）和参数化探索（Parameter Exploration）。前者针对当前的每一个状态，以一定的算法尝试之前该状态下没有尝试过的行为；后者直接针对参数化的策略函数，表现为尝试不同的参数设置，进而得到具体的行为。

本章结合多臂游戏机实例，一步步从理论角度推导出一个有效的探索应该具备什么特征；随后介绍 3 类常用的探索方法，包括在前几章常用的几种探索：衰减的 ϵ 贪婪探索、不确定优先探索以及利用信息价值进行探索。

9.1　多臂游戏机

多臂游戏机（见图 9.1）是一种博弈类游戏工具，一台机器上有多个拉杆。游戏者拉下一个拉杆后，游戏机会随机给予一定数额的奖励。游戏者一次只能拉下一个拉杆，每个拉杆的奖励分布是相互独立的，并且前后两次拉杆行为之间的奖励也没有关系。在这个场景中，游戏机相当于环境，个体拉下某一单臂游戏机的拉杆表示执行了一个特定的行为，游戏机会给出一个即时奖励 R，随即该状态序列结束。因此，多臂游戏机中一个完整状态序列中的每一个元素就由一个行为和一个即时奖励构成，并不存在对每个状态的描述和记录。

从上文的描述可知，多臂游戏机可以看成是由行为空间和奖励组成的元组<A, R>，假如一台多臂游戏机有 m 个拉杆，那么行为空间将由 m 个具体行为组成，每一个行为对应拉下某一个拉杆。个体采取行为 a 得到的即时奖励 r 服从一个个体未知的概率分布：

$$R^a(r) = P[r\,|\,a]$$

在 t 时刻，个体从行为空间 A 中选择一个行为 $a_t \in A$，随后环境产生一个即时奖励 $r_t \sim R^{a_t}$。

个体可以持续多次地与多臂游戏机进行交互，那么个体每次选择怎样的行为才能最大化来自多臂游戏机的累积奖励（$\sum_{\tau=1}^{t} r_\tau$）呢？

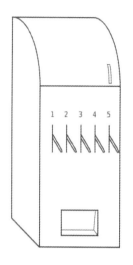

图 9.1 多臂游戏机示意图

为了方便描述问题，定义行为价值 $Q(a)$ 为采取行为 a 获得的奖励期望：

$$Q(a) = \mathbb{E}[r \mid a]$$

假设能够事先知道哪一个拉杆能够给出最大即时奖励，则可以每次只选择对应的那个拉杆。如果用 V^* 表示这个最优价值、a^* 表示能够带来最优价值的行为，那么：

$$V^* = Q(a^*) = \max_{a \in A} Q(a)$$

事实上不可能事先知道拉下哪个拉杆能带来最高奖励，因此每一次拉杆获得的即时奖励都与最优价值 V^* 存在一定的差距，定义这个差距为**后悔值**（Regret）：

$$l_t = \mathbb{E}\left[V^* - Q(a_t)\right]$$

每执行一次拉杆行为都会产生一个后悔值 l_t，随着拉杆行为的持续进行，将所有的后悔值加起来，形成一个总后悔值：

$$L_t = \mathbb{E}\left[\sum_{\tau=1}^{t}\left(V^* - Q(a_\tau)\right)\right]$$

这样，最大化累积奖励的问题就可以转化为最小化总后悔值了。之所以要进行这样的转换，是由于使用后悔值来分析问题较为简单、直观。上式可以用另一种方式来重写。令 $N_t(a)$ 为到 t 时刻已执行行为 a 的次数，Δ_a 为最优价值 V^* 与 a 行为对应的价值之间的差，那么总后悔值可以表示为：

$$
\begin{aligned}
L_t &= \mathbb{E}\left[\sum_{\tau=1}^{t} V^* - Q(a_\tau)\right] \\
&= \sum_{a \in A} \mathbb{E}\left[N_t(a)\right]\left(V^* - Q(a)\right) \\
&= \sum_{a \in A} \mathbb{E}\left[N_t(a)\right]\Delta_a
\end{aligned}
$$

把总后悔值按行为分类进行统计可以看出，一个好的算法应该尽量减少执行那些价值差距较大的行为的次数，但个体无法知道这个差距具体是多少，可以使用蒙特卡罗评估来得到某行为的近似价值：

$$\hat{Q}_t(a) = \frac{1}{N_t(a)} \sum_{t=1}^{T} r_t 1(a_t = a) \approx Q(a)$$

理论上 V^* 和 $Q(a)$ 由环境动力学（即环境规则）来确定，因而都是静态的，随着交互次数 t 的增多，可以认为蒙特卡罗评估得到的行为近似价值 $\hat{Q}_t(a)$ 越来越接近真实的行为价值 $Q(a)$。图 9.2 是不同探索程度的贪婪策略总后悔值与交互次数的关系。

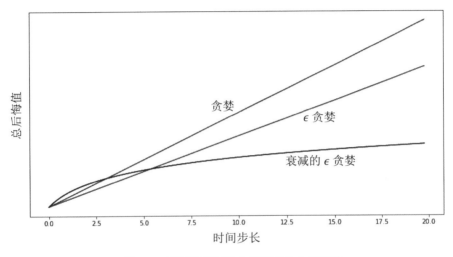

图 9.2　不同探索程度贪婪策略的总后悔值

对于完全贪婪的探索方法，其总后悔值是线性的，这是因为该探索方法的行为选择可能会锁死在一个不是最佳的行为上；对于 ϵ 贪婪的探索方法，总后悔值也是呈线性增长的，这是因为每一个时间步长都有一定的概率选择最优行为，但同样也有一个固定小的概率采取完全随机的行为，由此导致总后悔值也呈现与时间之间的线性关系。类似地 Softmax 探索方法与此类似。总体来说，如果一个算法永远存在探索或者从不探索，那么其总后悔值与时间的关系都是线性增长的。

能否找到一种探索方法，其对应的总后悔值与时间是次线性增长的，也就是随着时间的推移总后悔值的增加越来越少呢？答案是肯定的，图 9.2 中衰减的 ϵ 贪婪方法就是其中的一种。下文将陆续介绍一些实际常用的探索方法。

9.2　常用的探索方法

9.2.1　衰减的 ϵ 贪婪探索

衰减的 ϵ 贪婪探索是在 ϵ 贪婪探索上改进的，核心思想是随着时间的推移采用随机行为的概率 ϵ 越来越小。理论上随时间改变的 ϵ_t 由式（9.1）确定：

$$\epsilon_t = \min\left\{1, \frac{c|A|}{d^2 t}\right\}, \quad d = \min_{a|\Delta_a > 0} \Delta_i \in (0,1], \quad c > 0 \qquad (9.1)$$

其中，d 是次优行为与最优行为价值之间的相对差距。衰减的 ϵ 贪婪探索能够使得总的后悔值呈现出与时间步长的对数关系，但该方法需要事先知道每个行为的差距 Δ_a，在实际使用中是无法按照该公式来准确确定 ϵ_t 的，通常采用一些近似的衰减策略，这在之前几章已经有过介绍。

9.2.2 不确定行为优先探索

不确定行为优先探索的基本思想是，当个体不清楚一个行为的价值时，个体有较高的概率选择该行为。具体在实现时可以使用乐观初始估计、可信区间上限以及概率匹配 3 种形式。

1. 乐观初始估计

乐观初始估计给行为空间中的每一个行为在初始时赋予一个足够高的价值，在选择行为时使用完全贪婪的探索方法，使用递增式的蒙特卡罗评估来更新这个价值：

$$\hat{Q}_t(a_t) = \hat{Q}_{t-1} + \frac{1}{N_t(a_t)}\left(r_t - \hat{Q}_{t-1}\right) \qquad (9.2)$$

在实际应用时，通常初始分配的行为价值为：

$$Q_*(a) = \frac{r_{\max}}{1 - \gamma}$$

不难理解，乐观初始估计给每一个行为都赋予了一个足够高的价值，在实际交互时根据奖励计算得到的价值多数低于初始估计，一旦某行为由于尝试次数较多其价值降低时，贪婪的探索策略只会从价值最高的那个行为中选择一个，实际上可能会发生多个价值相同且均为最高价值的情况，此时就可以从这些拥有最高价值的多个行为中随机选择一个。乐观初始估计法使得每一个可能的行为都有机会被尝试，由于其本质仍然是完全贪婪的探索方法，因此在理论上仍是一个后悔值线性增长的探索方法，不过在实际应用中乐观初始估计一般效果都不错。

2. 可信区间上限（Upper Confidence Bound，UCB）

试想一下，如果多臂游戏机中的某一个拉杆一直给出较高的奖励，而其他拉杆一直给出相对较低的奖励，那么行为的选择就容易得多了。如果多个拉杆奖励的方差较大、忽高忽低，但实际给出的奖励在多数情况下比较接近时，那么选择一个价值高的拉杆就不那么容易了，也就是说这些拉杆虽然给出的奖励较接近，但实际上每一个拉杆奖励分布的均值差距较大。可以通过比较两个拉杆价值的差距（Δ）以及描述其奖励分布相似程度的 KL 散度（$KL(R^a \parallel R^{a^*})$）来判断总后悔值的下限。一般来说，差距越大，后悔值越大；奖励分布的相似程度越高，后悔值越低。针对多臂游戏机，存在一个总后悔值下限，任何一个算法都不能做得比这个下限更好：

$$\lim_{t \to \infty} L_t \geq \log t \sum_{a|\Delta_a > 0} \frac{\Delta_a}{KL(R^a \parallel R^{a^*})} \qquad (9.3)$$

　　假设现在有一台 3 个拉杆的多臂游戏机，每一个拉杆给出的奖励服从一定的个体未知分布，经过一定次数对 3 个拉杆的尝试后，根据给出的奖励数据绘制得到如图 9.3 所示的奖励分布图。

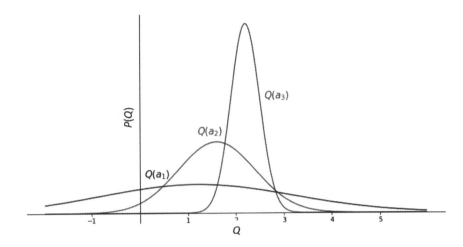

图 9.3　根据实际交互得到的奖励数据绘制出来的 3 个拉杆奖励分布

　　根据图 9.3 中提供的信息，在今后的行为选择中，应该优先尝试行为空间 $\{a_1,a_2,a_3\}$ 中的哪一个呢？从 3 个拉杆奖励之间的相对关系可以得出：行为 a_3 的奖励分布较为集中，均值最高；行为 a_1 的奖励分布较为分散，均值最低；而行为 a_2 介于两者之间。虽然行为 a_1 对应的奖励均值最低，但是其奖励分布较为分散，还有不少奖励超过了均值最高的行为 a_1 的平均均值，说明对行为 a_1 的价值估计较不准确，此时为了弄清楚行为 a_1 的奖励分布，应该优先尝试更多次行为 a_1，以尽可能缩小其奖励分布的方差。

　　从上面的分析可以看出，单纯用行为的奖励均值作为行为价值的估计，进而指导后续行为的选择会因为采样数量的原因而不够准确，更加准确的方法是估计行为价值在一定可信度上的价值上限，比如可以设置一个行为价值 95% 的可信区间上限，将其作为指导后续行为的参考，会有较高的可信度认为一个行为的价值不高于某一个值：

$$Q(a) \leqslant \hat{Q}_t(a) + \hat{U}_t(a) \tag{9.4}$$

　　因此，当一个行为的计数较少时，由均值估计的该行为的价值将不可靠，对应的一定比例的价值可信区间上限将偏离均值较多；随着针对某一行为的奖励数据越来越多，该行为价值在相同可信区间的上限将接近均值。因此，可以使用可信区间上限（Upper Confidence Bound，UCB）作为行为价值的估计来指导行为的选择。令：

$$a_t = \underset{a \in A}{\arg\max}\left(\hat{Q}_t(a) + \hat{U}_t(a)\right) \tag{9.5}$$

　　如果奖励的真实分布是明确已知的，那么可信区间上限可以较为容易地根据均值进行求解。

　　例如，对于高斯分布（即正态分布）95% 的可信区间上限是均值与约两倍标准差的和。对于分布未知的可信区间上限的计算可以使用式（9.6）进行计算：

$$a_t = \arg\max_{a \in A}\left(Q(a) + \sqrt{\frac{2\log t}{N_t(a)}} \right) \tag{9.6}$$

其中，$Q(a)$是根据交互经历得到的行为价值估计，$N_t(a)$是行为a被执行的次数，t是时间步长。这一公式的推导过程如下。

【定理】令$X_1, X_2, \cdots, X_t$是值在区间[0,1]上独立同分布的采样数据，令$\bar{X}_t = \frac{1}{\tau}\sum_{\tau=1}^{t}X_\tau$是采样数据的平均值，那么下面的不等式成立：

$$P\left[E[X] > \bar{X}_t + u\right] \leqslant e^{-2tu^2} \tag{9.7}$$

该不等式称为霍夫丁不等式（Hoeffding's Inequality）。它给出了总体均值与采样均值之间的关系。根据该不等式可以得到：

$$P\left[Q(a) > \hat{Q}(a) + U_t(a)\right] \leqslant e^{-2N_t(a)U_t(a)^2}$$

该不等式同样描述了一个可信区间上限，假定某行为的真实价值有p的概率超过设置的可信区间上限，即令：

$$e^{-2N_t(a)U_t(a)^2} = p$$

那么可以得到：

$$U_t(a) = \sqrt{\frac{-\log p}{N_t(a)}}$$

随着时间步长的增加，p值逐渐减少，假如令$p = t^{-4}$，则上式变为：

$$U_t(a) = \sqrt{\frac{2\log t}{N_t(a)}}$$

由此可以得出式（9.6）。

依据可信区间上限（UCB）算法原理设计的探索方法可以使得总后悔值随时间步长满足对数渐进关系：

$$\lim_{t \to \infty} L_t \leqslant 8\log t \sum_{a|\Delta_a > 0} \Delta_a \tag{9.8}$$

经验表明，ϵ贪婪探索的参数如果调整得当，则可以有很好的表现，而UCB在没有掌握任何信息的前提下也可以表现得很好。

如果多臂游戏机中的每一个拉杆奖励服从相互独立的高斯分布，即

$$R_a(r) = N\left(r; \mu_a, \sigma_a^2\right)$$

那么

$$a_t = \arg\max_{a \in A} \left(\mu_a + c\sigma_a / \sqrt{N(a)} \right) \tag{9.9}$$

由于自然界许多现象都可以用高斯分布来近似描述，因此在许多情况下可以使用上式来指导探索。

3. 概率匹配

另一个基于不确定有限探索的方法是概率匹配（Probability Matching），它通过个体与环境的实际交互的历史信息 h_t 来估计行为空间中每一个行为是最优行为的概率，然后根据这个概率来采样后续行为：

$$\pi(a \mid h_t) = P\left[Q(a) > Q(a'), \forall a' \neq a \mid h_t \right]$$

实际应用中常使用汤姆森采样（Thompson Sampling），它是一种基于采样的概率匹配算法，具体行为 a 被选择的概率由下式决定：

$$\begin{aligned}
\pi(a \| h_t) &= P\left[Q(a) > Q(a'), \forall a' \neq a \mid h_t \right] \\
&= \mathbb{E}_{R|h_t} \left[1\left(a = \arg\max_{a \in A} Q(a) \right) \right]
\end{aligned} \tag{9.10}$$

以具有 n 个拉杆的多臂游戏机为例，假设选择第 i 个拉杆的行为 a_i 一共有 m_i 次获得了历史最高奖励，那么使用汤姆森采样算法的个体将按照

$$\pi(a_i) = \frac{m_i}{\sum_{i=1}^{n} m_i}$$

给出的策略来选择后续行为。汤姆森采样算法能够获得随时间对数增长的总后悔值。

9.2.3 基于信息价值的探索

探索之所以有价值是因为它会带来更多的信息，那么能否量化被探索信息的价值和探索本身的开销，以此来决定是否有探索该信息的必要呢？这就涉及信息本身的价值。

打个比方，对于一台有两个拉杆的多臂游戏机，个体当前对行为 a_1 的价值有一个较为准确的估计，比如 100 元（执行行为 a_1 可以得到的即时奖励的期望）。此外，个体虽然对于行为 a_2 的价值也有一个估计，比如 70 元，但是这个数字非常不准确，因为个体仅执行了少次行为 a_2，那么获取"较为准确的行为 a_2 的价值"这条信息的价值有多少呢？这取决于很多因素，其中之一就是个体有没有足够多的行为次数来获取累积奖励，假如个体只有非常有限的行为次数，那么个体可能会倾向于保守地选择 a_1 而不去通过探索行为 a_2 来得到较为准确的行为 a_2 的价值。因为探索本身会带来一定概率的后悔。相反，如果个体有数千次甚至更多的行为次数，那么得到一个更准确的行为 a_2 的价值就显得非常必要了，因为即使通过一定次数的探索 a_2，后悔值也是可控的。一旦得到的行为 a_2 的价值超过 a_1，则将影响后续每一次行为的选择。

　　为了能够确定信息本身的价值，可以设计一个 MDP，将信息作为 MDP 的状态，构建对其价值的估计：

$$\tilde{M} = <\tilde{S}, A, \tilde{P}, R, \gamma>$$

　　以有两个拉杆的多臂游戏机为例，一个信息状态对应于分别采取了行为 a_1 和 a_2 的次数。例如，S_0 <5,3> 就可以表示一个信息状态，表示个体在这个状态时已经对行为 a_1 执行了 5 次、对行为 a_2 执行了 3 次。随后个体又执行了一次行为 a_1，状态转移至 S_1 <6,3>。

　　由于基于信息状态空间的 MDP 状态规模随着交互的增加而逐渐增加，因此使用表格式或者精确地求解这样的 MDP 是很困难的，通常使用近似架构和函数、构建一个基于信息状态的模型，并通过采样来近似求解。

　　虽然前文的这些探索方法都是基于与状态无关的多臂游戏机来讲述的，但其均适用于存在不同状态转换条件下的 MDP 问题，只需将状态 s 代入相应的公式即可。

第10章 Alpha Zero 算法实战

2017 年 10 月，DeepMind 公司发表了一篇题为"Mastering game of Go without human knowledge"的论文，文中提出了一个新的挑战围棋的人工智能软件版本 Alpha Zero，指出其在不借鉴任何人类围棋棋谱的条件下，仅利用围棋规则本身，通过自博弈的形式实现了对公司既往开发的各个围棋人工智能软件版本的超越，成为最厉害的"围棋手"。随后该公司将 Alpha Zero 算法的核心思想成功地应用到国际象棋、日本象棋中，并将这类算法统称为 Alpha Zero 算法。随后，GitHub 上也有人对相应算法进行简化，但保持了 Alpha Zero 的核心思想，将其应用到五子棋上，取得了非常不错的效果。

读者可能会认为，如此出色的 Alpha Zero 算法应该是非常复杂和难以理解的。事实上，Alpha Zero 算法思想非常简洁、优美，其中的核心思想提取出来可以以流程图（见图 10.1）的形式体现。从图 10.1 中可以看出，该算法主要包括自博弈、策略提升、策略评估环节。其涉及的一些基础概念已经在本书之前的章节有详细的介绍。本章将详细解释 Alpha Zero 算法的核心思想，并在实践环节结合五子棋游戏深入剖析 GitHub 开源库对 Alpha Zero 算法的实现代码[①]。

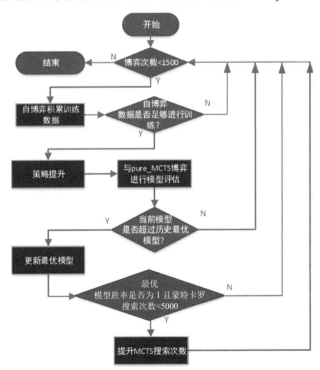

图 10.1 Alpha Zero 算法流程图框架

---

① GitHub 源代码项目地址为 https://github.com/junxiaosong/AlphaZero_Gomoku。

围棋、国际象棋等游戏有一些共同的特征，都属于双人、零和（Zero-Sum）博弈、完美信息（Perfect Information）类游戏。其中，"双人"是指游戏参与者为两个人；"零和博弈"是指参与游戏的双方不存在合作的可能，一方的收益额等于另一方的损失额，双方的收益和损失相加总和永远为"零"；"完美信息"是指参与游戏的任何一方在做决策前都掌握了所有相关的历史信息，包括游戏的初始化信息。围棋、国际象棋、黑白棋等游戏都属于完美信息游戏。扑克牌游戏由于游戏一方不知道洗牌后的结果以及对方手中的牌，因此属于非完美信息游戏。完美信息游戏产生的事件序列可以严格地使用马尔可夫过程来建模。Alpha Zero 算法充分利用了双人、零和博弈、完美信息类游戏的特点，后文将逐步展开。

如果将诸如围棋、国际象棋、黑白棋、五子棋等棋盘类游戏描述为一个马尔可夫决策过程，那么状态可以由棋盘上每一个位置的落子情况来表示。以一个 8×8 的五子棋盘为例，描述任何时刻棋盘的状态需要使用 64 个特征代表棋盘上 64 个可以落子的位置，每一个位置存在 3 种可能的情形：黑棋占据、白棋占据或没有一方占据，可以分别用-1、0、1 代表这 3 种可能性。游戏者可能的操作是在棋盘的任何一个位置放置一枚棋子或者放弃落子（Pass）。在不考虑放弃落子情况下，游戏者所有可能的 64 种行为构成行为空间。在游戏过程中，有些行为是合法的，而有些行为是非法的，不过在行为空间这一层面可以暂不做区分，对这些行为的合法性的判断可留给后续的过程。由于棋类行为的规则明确，只要是执行了一个合法行为那么后续状态就是确定的，因此行为进入对应后续状态的概率为 1，而进入其他状态的概率为 0。在棋类游戏的过程中，多数情况下参与游戏的双方是无法从每一次落子行为中获得直接奖励的。规则通常规定直到棋局结束系统判定输赢时才认为环境系统给出了奖励。该奖励既是整个状态序列最后一个状态转换的即时奖励，也是该状态序列中唯一一个值可能不为 0 的奖励。可以设置某一方赢棋获得值为 1 的奖励、另一方获得-1 的奖励，双方和局则奖励为 0。由于在非终止的状态转换中奖励值都为 0，因此可以不必考虑衰减因子，或者直接设置其值为 1。以上就是对一个具有双人、零和博弈、完美信息等特征的棋类游戏的 MDP 建模描述。

可以看出，这些棋类游戏对应的 MDP 问题的状态空间规模非常庞大，如果是 19×19 格的围棋棋盘，可能的状态数目已经是天文数字（3^{361}）。如此大规模的状态空间，如果使用强化学习算法来求解，势必要使用函数的近似。Alpha Zero 算法使用卷积神经网络 f_θ 来建立状态价值 v 和策略 p 两个函数的近似——$w(p,v)=f_\theta(s)$，分别用以估计某一状态的价值和该状态下各行为作为最优行为的概率。在面对一个棋局状态 s 并确定下一个落子应该在什么位置时，Alpha Zero 算法使用 f_θ 指导的蒙特卡罗树搜索（MCTS）来模拟人类棋手的思考过程。MCTS 给出的各行为概率比单纯从神经网络 f 得到的策略函数给出的各行为概率更加强大，从这个角度看，MCTS 搜索可以被认为是一个强大的策略优化工具。通过搜索来进行自我对弈——使用改善了的基于 MCTS 的策略来指导行为选择，然后使用棋局结果（哪一方获胜，用-1 和 1 分别表示白方和黑方获胜）来作为标签数据。Alpha Zero 算法的主体思想就是在策略迭代过程中重复使用上述两个工具：神经网络 f 的参数得以更新，这样可以使得神经网络输出的各位置落子概率和当前状态的获胜奖励，更接近于经过改善了的搜索得到的概率以及通过自我对弈得到的棋局结果，后者用(π,z)表示。网络得到的新参数可以在下一次自我对弈的迭代过程中让搜索变得更加强大（见图 10.2）。

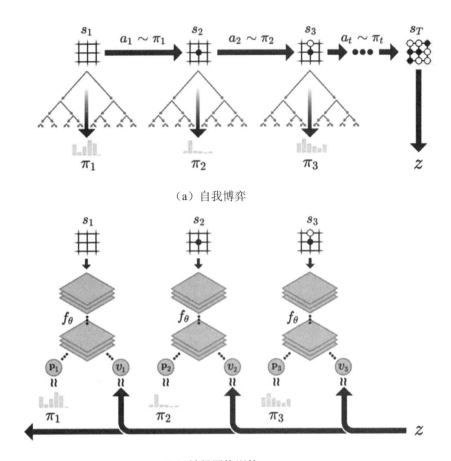

（a）自我博弈

（b）神经网络训练

图 10.2　Alpha Zero 自我博弈的强化学习

图 10.2（a）展示的是算法自我博弈完成一个完整棋局进而产生一个完整的状态序列 $s_1,s_2,...,s_T$ 的过程，T 时刻棋局结束，产生了针对某一方的最终奖励 Z。在棋局的每一个时刻 t，棋盘状态为 s_t。在该状态下，通过在神经网络 f_θ 引导下的一定次数模拟的蒙特卡罗树搜索产生最终的落子行为 a_t。图 10.2（b）演示的是算法中神经网络的训练过程。神经网络 f_θ 的输入是某时刻 t 的棋局状态 s_t 外加一些历史和额外信息（包括当前棋手信息），输出是行为概率向量 p_t 和一个标量 v_t，前者表示的是在当前棋局状态下采取每种可能落子方式的概率，后者表示当前棋局状态下棋手估计的最终奖励。神经网络的训练目标就是要尽可能地缩小两方面的差距：一是搜索得到的概率向量 t 和网络输出概率向量 p_t 的差距，二是网络预测的当前棋手的最终结果 v_t 和实际最终结果（用 1、−1 表示）的差距。网络训练得到的新参数会被用来指导下一轮迭代中自我对弈时的 MCTS 搜索。

算法中的蒙特卡罗树搜索过程利用了神经网络 f_θ 给出的近似状态价值，使其在一次搜索内的每一次模拟思考的过程不必考虑终盘，当模拟过程中碰到搜索树内暂不存在的状态时，直接参考网络 f_θ 给出的状态价值来更新本次搜索相关的状态的价值。当一定次数的模拟结束时，蒙特卡罗树搜索依据树内策略结合当前所有行为对应的价值来产生实际的落子行为。这一过程如图 10.3 所示。

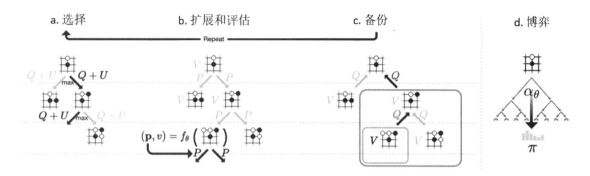

图 10.3　Alpha Zero 中的蒙特卡罗树搜索

以上是对于 Alpha Zero 算法的一个快速概览，下文将详细讲解其中的技术细节。

10.1　自博弈中的蒙特卡罗树搜索

首先明确蒙特卡罗树搜索中的几个概念。"对战"指的是游戏一方与自身或其他游戏者进行博弈时实际落子的过程，包括自我对弈和与其他游戏者对弈，它的特点是产生实际的落子行为，其结果是对局结束产生输赢或和局形成一个完整的状态序列。"思考"指的是游戏一方在面对当前棋盘状态时，通过模拟双方虚拟落子来分析棋局演化形势，进而估计当前最优落子行为的过程。对棋局的思考有"深度"和"广度"两个方面：深度指的是在当前状态下模拟的步数多少，观察当前棋局状态的演化过程；广度指的是在当前状态下多个可能的落子行为，观察在当前棋局状态下朝着不同的方向演化。在蒙特卡罗树搜索中，"一次搜索"（One Search）或"一次模拟"（One Simulation）指的是在当前状态下产生一个较优的行为，并沿着该路径进行一定深度的思考过程。

蒙特卡罗搜索树中的每一个节点 s 表示棋盘的一个状态，它包含一系列的边(s,a)，每一条边对应状态 s 下的合法行为空间 $A(s)$中的一个行为 a，并且每一条边中存储着下列统计数据：

$$\{N(s,a),W(s,a),Q(s,a),P(s,a)\}$$

其中，$N(s,a)$是该边的访问次数，$W(s,a)$是该边总的行为价值，$Q(s,a)$是该边的平均行为价值，$P(s,a)$是该边的先验概率。在棋局进行到某一个状态时，搜索算法会构建一个以当前状态 s_0 为根节点的搜索树，并进行多次搜索（模拟），作为落子前的一次思考过程。在一次思考过程中会有多次搜索过程，通过搜索了解不同的落子棋局可能的演变过程，其中每一次的搜索从根节点状态 s_0 开始进行前向搜索。它分为三个阶段：

（1）首先是选择（Selection）阶段（见图 10.3a）：当前向搜索在第 L 时间步长到达搜索树的某一叶节点 s_L 时，对于其中的任何时刻 $t < L$ 对应的状态 s_t，使用不确定价值行为优先探索中的置信区间上限的方法来生成状态 s_t 下的模拟行为 a_t：

$$a_t = \arg\max_a (Q(s_t,a) + U(s_t,a))$$

其中，

$$U(s,a) = c_{\text{puct}} P(s,a) \frac{\sqrt{\sum_{a'} N(s,a')}}{1 + N(s,a)}$$

上式中，c_{puct} 是一个决定探索程度的常数，这种搜索控制策略在开始时会倾向于选择那些概率较高且访问次数较低的行为，但是伴随着搜索的深入逐渐过渡到选择最大行为价值的行为。

（2）其次进入叶节点 s_L 的扩展和评估阶段（Expand and Evaluate）（见图 10.3b）：如果该叶节点是代表终止状态的节点，那么该叶节点将不再扩展，同时会直接返回当前棋盘状态对应的价值（$v_{s_L} \in [-1,0,1]$）的相反数 $v = -v_{s_L}$；如果该叶节点并不代表终止状态，则将节点 s_L 送入神经网络 f_θ 中进行评估：

$$(d_i(p),v) = f_\theta(d_i(s_L))$$

这里使用了数据扩增（Data Augmentation）技术，由于许多棋盘类游戏的状态和对应的行为都可以从前、后、左、右 4 个方向进行描述，也就是说把棋盘旋转 90°、180° 或 270° 再呈现给游戏者，棋盘中棋子的位置对于观察者发生了变化，但是整个棋盘状态的价值并没有发生任何变化。类似地情况还发生在镜像转换时。因此，对于任何一个状态都可以产生 8 个不同的描述，而这 8 个不同描述对应的状态价值是一样的。上式中的 $d_i(s)$ 指的就是针对状态 s 的 8 个状态描述中的一个（$i \in [1,\cdots,8]$）。在得到网络的评估结果后，节点 s_L 将会扩展，其下会对每一个合法行为 $a \in A(s_L)$ 添加一条边 (s_L,a) 连接对应的后续节点，并设置

$$\{N(s_L,a)=0, W(s_L,a)=0, Q(s_L,a)=0, P(s,a)=P_a\}$$

同时节点 s_L 的价值为来自神经网络的输出 v，该价值将会得到回溯来更新搜索路径中的其他价值。

（3）最后一个阶段是价值的回溯（Backup）（见图 10.3d）：对于任何时间步长 $t < L$，搜索路径中的边计数都会增加一次：

$$N(s_t,a_t) = N(s_t,a_t)+1$$

同时，某边的总价值 $W(s_t,a_t)$ 和平均价值 $Q(s_t,a_t)$ 也会随着更新：

$$W(s_t,a_t) = W(s_t,a_t)+v$$

$$Q(s_t,a_t) = \frac{W(s_t,a_t)}{N(s_t,a_t)}$$

至此，一次完整的搜索过程就结束了。当进行指定搜索次数的思考后，Alpha Zero 将针对当前状态选择实际对战的落子行为，对于当前状态 s_0 下的每一个合法行为 a，其被算法选择的概率为：

$$\pi(a \mid s_0) = \frac{N(s_0,a)^{1/\tau}}{\sum_{a'} N(s_0,a')}$$

Alpha Zero 算法通过自博弈来生成一定数目的棋局，这些棋局用于进一步训练神经网络逐渐迭代更新网络的参数，并用于指导下一次的蒙特卡罗树搜索，最终使得网络对于状态价值和策略函数的判断越来越准确。

针对某一棋局状态 Alpha Zero 算法，在产生一个对战行为前会进行 1600 次（广度）的蒙特卡罗树搜索（模拟），而每次搜索的深度至少是到达树的叶节点，如果该叶节点代表的状态不是终盘，则会通过神经网络给出的估计结果再扩展一层。

蒙特卡罗树搜索的流程类似于算法 8 所示。算法 8 在扩展一个叶节点时并没有扩展该叶节点状态下所有可能的合法行为对应的后续状态，只是扩展了一个由神经网络给出的最大价值的后续状态节点。

算法 8：蒙特卡罗树搜索算法

```
def MTCS(s, game, net):
    if s is a terminal state then
        | return −1* reward of game with terminal state s
    end
    if s is note visited then
        | mark state s as visited
          get probabilities and values of s from net: P[s], v = net.predict(s)
          return −v
    end
    initialize u_max ← −∞, a_best ← −1
    foreach a in valid actions A under state s do
```

$$u \leftarrow Q(s,a) + c_{puct}\, P(s,a)\frac{\sqrt{\sum_{a'\in\mathbb{A}} N(s,a')}}{1+N(s,a)}$$

```
        if u > u_max then
            | u_max ← u, a_best ← a
        end
    end
    a ← a_best
    s' ← next state of game on(s,a)
    v ← search(s', game, net)
    Q(s,a) ← (N(s,a) * Q(s,a) + v)/(N(s,a) + 1)
    N(s,a) ← N(s,a) + 1
    return −v
```

10.2　模型评估中的蒙特卡罗搜索

在策略提升后，我们需要对提升后的模型进行评估，以检测模型的性能。本章以基于纯蒙特卡罗搜索方法（记为 Pure MCTS）的模型作为评估标准，而对于依赖纯蒙特卡罗搜索方法的模型，其智能程度取决于进行蒙特卡罗树搜索的次数。在评估过程中，该模型适时提升搜索次数，进而得到更加准确的模型评估结果，其流程图如图 10.4 所示。

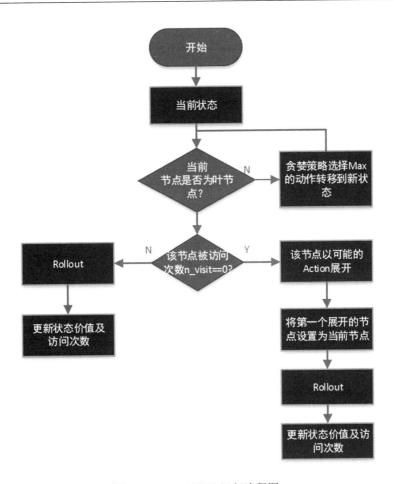

图 10.4　Pure MCTS 运行流程图

从流程图可以看出，Pure MCTS 的大部分过程与 10.1 节讲述的蒙特卡罗搜索过程一致，只是在几点上有差异，主要体现在对叶节点价值的评估方法上，纯蒙特卡罗方法采用的 Rollout 策略快速模拟得到叶节点价值，其中 Rollout 策略为一种判断当前棋局结果的策略，具体方法有多种，本节采用的是在当前棋局状态下，双方完全随机落子，直到博弈结束，如果胜则当前叶节点价值为 1，负对应价值为 -1，和局则对应价值为 0，算法描述详见算法 9。

算法 9：蒙特卡罗树搜索算法

 def pure_MCTS(s_0):
  create root node v_0 with state s_0
  repeat
   v_l ← TreePolicy(v_0)
   Δ ← DefaultPolicy($S(v_l)$)
   BackUp(v_l, Δ)
  until computational budget is used up;
  return a(BestChild(v_0))

Pure MCTS 的详细过程（见图 10.5）主要分为以下 4 步：

（1）首先是选择（Selection）阶段：从当前棋盘状态开始，递归采用 UCB1 算法来选择最优的子节点（计算所得到的 UCB1 值最大的节点），直至到达叶节点 L。

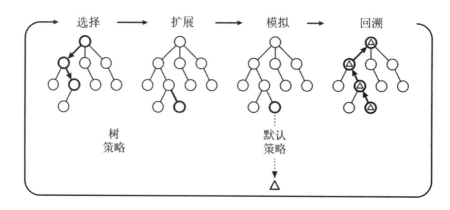

图 10.5　Pure MCTS 结构示意图

UCB1 计算公式为：

$$UCB1 = \overline{X}_j + \sqrt{(2 \ln n)/n_j}$$

其中，$\overline{X}_j$ 为状态 s_j 下的平均价值，n_j 为经历状态 s_j 的次数，n 为当前整体模拟的次数。上式中奖励项 $\overline{X}_j$ 意味着鼓励探索带来更高价值的行为，而右边项 $\sqrt{(2 \ln n)/n_j}$ 鼓励探索之前未被访问过的行为，可以看出此种策略也是前期趋向探索访问次数较低的行为，但是随着探索过程的进行其将过渡到选择最大行为价值的行为。

（2）其次是节点展开（Node Expansion）：如果 L 不是一个终止节点，那么创建一个或者更多的子节点，对它们进行初始化，设置 $\{T(s_L) = 0, N(s_L) = 0\}$，并选择其中的一个节点 C。

（3）紧接着是模拟（Simulation）阶段：对上一阶段选择的节点 C 利用 Rollout 策略对叶节点价值进行评估，双方快速随机落子直至博弈结束。

（4）最后一个阶段为价值的反向传播（Backpropagation）过程回溯：对上述博弈结果进行统计。若获胜，则当前节点 C 的价值更新为 1；若输，则价值更新为 –1；若为和局，则价值更新为 0。同时对于任何时间步长 $t < L$，递归地更新当前的行为序列。

当前行为序列中边的计数均增加一次：

$$N(s_t) = N(s_t) + 1$$

同时状态价值也进行更新：

$$T(s_t) = T(s_t) + v$$

其中，$v = \{-1, 0, 1\}$。

至此，一次完整的搜索过程就结束了。当进行指定搜索次数的思考后，Pure MCTS 将针对当前状态选择实际落子行为，对于当前状态 s_0 下的每一个合法行为 a，其选择在蒙特卡罗搜索树下访问次数最多的行为。

Pure MCTS 算法通过采用基本的蒙特卡罗搜索算法进行落子，用于评估策略提升后的 Alpha Zero 模型，由于开始的 Alpha Zero 模型水平较低，因而也采用较低搜索次数（初始时设置为 1000）的 Pure MCTS 与其博弈，通过 10 局的博弈，以胜率来评估策略提升后的 Alpha Zero 模型。发现 Alpha Zero 模型胜率已经到达 100%，无法进一步评估模型的性能时，可以通过加大 Pure MCTS 的搜索次数（每次增加 1000）来相应提升其智能程度用于评估，从而得到更好的评估模型效果。

用图10.6对先前讲解的两种MCTS形式进行对比，从中也能很直观地发现两点主要区别。

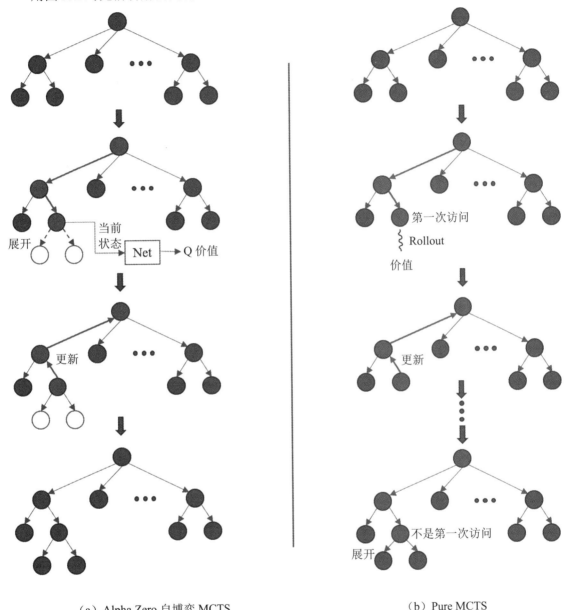

（a）Alpha Zero 自博弈 MCTS　　　　（b）Pure MCTS

图 10.6　Alpha Zero 自博弈 MCTS 与 Pure MCTS 运行对比

（1）在 Alpha Zero 自博弈的 MCTS 中，当采取贪婪策略递归到叶节点时，若该叶节点博弈未结束，则直接展开，然而 Pure MCTS 抵达叶节点时，在博弈未结束的基础上还需要检测是否是第一次抵达该叶节点，如果不是第一次，就对叶节点进行展开，否则不展开。

（2）在对叶节点的价值评估上，Alpha Zero 中的 MCTS 将叶节点的状态输入到策略价值网络（后面内容会详细讲解）中，直接得到当前叶节点的价值，而 Pure MCTS 是利用 Rollout 策略，即在当前棋盘状态基础上进行快速随机落子直至博弈结束，将博弈后的结果作为该叶节点的价值，之后对 Rollout 模拟的过程进行清除，如此往复。

10.3 策略价值网络结构及策略提升

在前一版本的 AlphaGo 中，其策略网络与价值网络是分开的，然而 Alpha Zero 中的两个网络是合并的，两个网络通过相同的多层残差卷积神经网络，在尾部之后分别连接对应策略网络的 Policy head 及对应价值网络的 Value head，其整体结构图如图 10.7 所示。

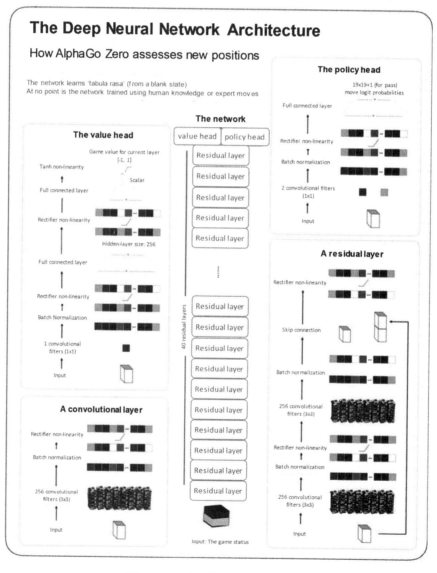

图 10.7　策略价值网络模型结构图

神经网络的输入为 17 张 19×19 尺寸堆叠的二进制编码图像，其中 8 个二进制编码的图像 X_t 表示当前玩家的棋面落子情况（若棋面交叉点位置含有玩家颜色的棋子，则 $X_t^i = 1$，否则 $X_t^i = 0$）。另外的 8 个二进制编码图像 Y_t 表示另一玩家的棋面落子情况，最后的 1 个二进制图像表示轮到哪一个玩家落子，其全为 0 或者全为 1，用于表示博弈的两方，这 17 张二进制图像 $s_t = [X_t, Y_t, X_{t-1}, Y_{t-1}, \cdots, X_{t-7}, Y_{t-7}, C]$ 堆叠在一起作为神经网络的输入。注意，这里的时间信息（X_t, Y_t）都是必要的，因为围棋不能完全从当前的棋面提取全面的信息，在围棋中重复的行为是禁止的。同样，特征 C 也是必需的，因为只看棋面无法获知轮到哪一方进行落子。

从中可以看出，输入的特征 s_t 由一个残差网络处理，该残差网络由 1 个卷积块和 39 个残差块组成。其中，卷积块由一个通道数为 256、卷积核大小为 3×3、步长为 1 的卷积层以及 BN 层和非线性修正单元 ReLU 组成；每一个残差块由两个卷积层、BN 层组成，最后叠加了一个 skip connection 恒等变换层，并没有引入额外的参数和计算复杂度，却很好地克服了网络信息随着深度退化的问题。

残差网络的输出分别通过两个独立的 Policy head 与 Value head 计算策略及价值。其中，Policy head 依次运用了通道数为 2、核大小为 1×1、步长为 1 的卷积层，BN 层，非线性修正单元 ReLU，以及一个输出个数为 19×19+1=362（19×19 代表棋盘上落子位置个数，1 表示放弃落子）的全连接层；Value head 依次运用了通道数为 1、核大小为 1×1、步长为 1 的卷积层，BN 层，非线性修正单元 ReLU，以及一个全连接层（隐藏层神经元个数为 256，输出层神经元个数为 1），最后利用非线性函数 tanh 对输出的标量值进行处理，以确保其值落在[−1, 1]区间。

从整体上来说，在 Alpha Zero 中构建网络模型的深度上，残差块个数为 20 或 40，分别具有 39 或 79 个参数层，同时 Policy head 有额外的 2 层参数层、Value head 有 3 层的参数层。

10.4　编程实践：Alpha Zero 算法在五子棋上的实现

考虑到 DeepMind 针对围棋开发的 Alpha Zero 模型庞大，无法在自己的电脑上得到很好的结果复现以及训练 Alpha Zero 算法，这里选择更加简单的五子棋作为对象，代码选自 GitHub 上非常流行的开源实现代码 AlphaZero_Gomoku，其基于 Python 语言开发，在网络模型搭建上有 TensorFlow、PyTorch 等多种实现方式。如果自己的电脑性能较低，可以设置相对较小的棋盘格子数（初期设置为 8）。该代码实现了 Alpha Zero 算法中的核心想法，主要包括棋盘环境搭建、应用在自博弈和模型评估两种场景下的蒙特卡罗树搜索的实现与策略价值网络的搭建，以及策略提升，实际测试效果较好，具有一定的落子水平。本节将对其中涉及的关键代码进行详细解析。

10.4.1　从零开始搭建棋盘环境

我们以尺寸为 8×8 大小的五子棋棋盘为例，由于相比围棋而言，五子棋落子个数较少，因而在此没有放弃落子这个状态，其状态空间总数为 8×8=64。在棋盘构建上，实现代码在 game.py 文件中。代码实现两个类：一个是 Board 类，实现棋盘环境的基本功能，另一个是 Game 类，实现将棋局可视化、双方博弈及自博弈功能。棋盘设计的主要思想是，将二维的 8×8=64 个网格以一定顺序映射成一维长度为 64 的列表（list）数据结构，在一维的列表上进行一些相应的数据处理，最后进行反映射，回到原先二维 8×8 的棋盘网格上，并进行相应的可视化。

本节重点分析 Board 类的实现，主要结构如图 10.8 所示。

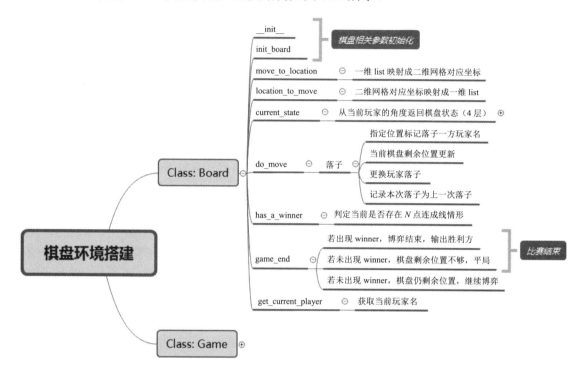

图 10.8　棋盘环境搭建 Board 类主要组成结构图

其中，__init__ 及 init_board 函数均为棋盘一些相关参数的初始化，包括棋盘尺寸的设置、约定几个子连成线为获胜、哪个玩家先进行落子等；move_to_location 函数（也称为方法）为之前提到的一维列表到二维网格的映射实现，而 location_to_move 函数为其逆过程，直观实现如图 10.9 所示。

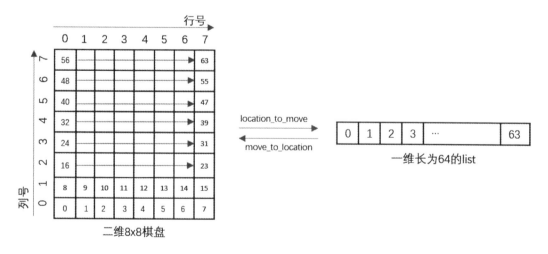

图 10.9　一维列表（list）和二维网格的直观实现示意图

在图 10.9 中，左边为二维 8×8 棋盘，网格中的数字所在的位置对应右边相同数字所在列表的位置中，如一维列表中的第三个位置对应二维 8×8 棋盘的位置（0,3），它们之间的两个箭头表示两种计量方式的相互映射转换关系，具体代码实现后面会详细描述。

以 move_to_location 函数为例，其代码实现如下：

```
def move_to_location(self, move):
    h = move // self.width
    w = move % self.width
    return [h, w]

def location_to_move(self, location):
    if len(location) != 2:
        return -1
    h = location[0]
    w = location[1]
    move = h * self.width + w
    if move not in range(self.width * self.height):
        return -1
    return move
```

其中，current_state 函数上实现了状态 state 的二进制图像描述，从当前玩家的角度得到棋盘的状态，值得注意的是代码中状态 state 的定义与 Alpha Zero 中的状态 state 定义有较大的出入，由于五子棋不存在落子被对方吃掉的情况，因而无须向 Alpha Zero 那样要求双方有各自前 8 步的棋盘状态，这里定义的 state 仅由 4 层 8×8 的图像叠加而成，其中两层分别对应当前棋盘上各自的落子情况（落子位置为 1，未落子位置为 0），并且另外一层为上一步的落子信息以及最后一层代表落子方的全 0 或全 1 的图像层。其代码实现如下：

```
def current_state(self):
    """从当前玩家的角度返回棋盘的状态，其中状态尺寸：4*宽*高
    """
    square_state = np.zeros((4, self.width, self.height))
    if self.states:
        moves, players = np.array(list(zip(*self.states.items())))
        move_curr = moves[players == self.current_player]
        move_oppo = moves[players != self.current_player]
        square_state[0][move_curr // self.width,
                        move_curr % self.height] = 1.0
        square_state[1][move_oppo // self.width,
                        move_oppo % self.height] = 1.0
        # 记录上一次移动的位置
        square_state[2][self.last_move // self.width,
                        self.last_move % self.height] = 1.0
    if len(self.states) % 2 == 0:
        square_state[3][:, :] = 1.0  # indicate the colour to play
    return square_state[:, ::-1, :]
```

其中，do_move 函数主要实现在指定位置上标记落子方的玩家名，然后对落子后的棋盘进行更新，得到当前棋盘可以落子的位置，接着更换玩家进行落子，同时将此次落子记录下来，用于组成状态 state。该函数实现较为简单，在此就不进行展示了。has_a_winner 函数为对当前棋盘的双方落子情况进行评估，看某一方是否能够实现 N（例如 $N=5$）个点连成一条线。直观意义上讲，五子棋连成线的方式只有图 10.10 中的 4 种方式，分别对这 4 种方式进行代码实现即可。

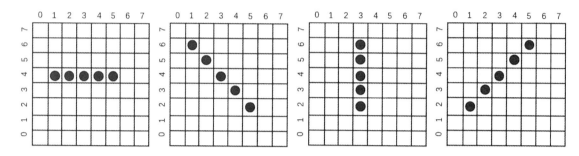

图 10.10　五子棋中 4 种获胜的情形

分别对 4 种情况编写代码，具体如下：

```python
def has_a_winner(self):
    width = self.width
    height = self.height
    states = self.states
    n = self.n_in_row

    moved = list(set(range(width * height)) - set(self.availables))
    # 如果双方落子总数过少，肯定不存在某一方获胜，需要继续博弈
    if len(moved) < self.n_in_row + 2:
        return False, -1

    for m in moved:
        h = m // width
        w = m % width
        player = states[m]
        # 分别对应图中 4 种获胜情形
        if (w in range(width - n + 1) and
            len(set(states.get(i,-1) for i in range(m, m + n))) == 1):
            return True, player

        if (h in range(height - n + 1) and
            len(set(states.get(i, -1) for i in range(m, m + n * width,
                width))) == 1):
            return True, player
```

```
if (w in range(width - n + 1) and
    h in range(height - n + 1) and
    len(set(states.get(i, -1) for i in range(m,
              m + n * (width + 1), width + 1))) == 1):
    return True, player

if (w in range(n - 1, width) and
    h in range(height - n + 1) and
    len(set(states.get(i, -1) for i in range(m,
              m + n * (width - 1), width - 1))) == 1):
    return True, player

return False, -1
```

其中，game_end 函数主要利用 has_a_winner 判定是否出现获胜方，如果出现，则博弈结束，同时输出获胜方名字；如果未出现获胜方，但是棋盘没有多余位置可以落子，则为平局；如果未出现获胜方，并且棋盘仍然有剩余位置，则继续博弈。

```
def game_end(self):
    """检查比赛是否结束"""
    win, winner = self.has_a_winner()
    if win:
        return True, winner
    elif not len(self.availables):
        return True, -1
    return False, -1
```

其中，get_current_player 函数获取当前玩家名，代码很简单，在此不过多介绍。

接着重点分析 Game 类的实现，主要结构如图 10.11 所示。

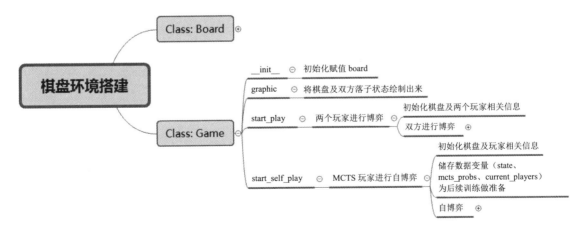

图 10.11　棋盘环境搭建 Game 类主要组成结构图

其中，__int__函数在先前构建 board 类的基础上进行初始化；graphic 函数将当前双方落子情况直观地展现出来（分别利用符号'O'与'X'代表两方玩家），直观实现效果图如图 10.12 所示。

```
Player 1 with X
Player 2 with O

         0       1       2       3       4       5       6       7

   7     _       _       _       _       _       _       _       _

   6     _       _       O       _       _       O       _       _

   5     _       _       X       X       X       O       _       _

   4     _       _       X       X       O       _       _       _

   3     _       _       X       X       O       _       _       _

   2     _       _       X       _       O       _       _       _

   1     _       _       O       _       X       _       _       _

   0     _       _       _       _       O       _       _       _
```

图 10.12　可视化函数 graphic 代码实现效果

graphic 函数的实现代码如下：

```python
def graphic(self, board, player1, player2):
    """绘制棋盘与当前博弈落子信息"""
    width = board.width
    height = board.height

    print("Player", player1, "with X".rjust(3))
    print("Player", player2, "with O".rjust(3))
    print()
    for x in range(width):
        print("{0:8}".format(x), end='')
    print('\r\n')
    for i in range(height - 1, -1, -1):
        print("{0:4d}".format(i), end='')
        for j in range(width):
            loc = i * width + j
            p = board.states.get(loc, -1)
            if p == player1:
                print('X'.center(8), end='')
            elif p == player2:
                print('O'.center(8), end='')
            else:
```

```
                print('_'.center(8), end='')
        print('\r\n\r\n')
```

其中，start_play 函数实现通用的双方博弈功能，在后期用来评估策略提升后的模型性能，其中一方玩家设定为依赖纯蒙特卡罗搜索树进行博弈，而另外一方玩家为策略提升之后的模型，用于检测评估策略提升带来的效果，从而通过不断评估得到历史最优模型。其函数输入的为指定策略的两方玩家，依靠自身策略分别进行落子，最终输出获胜一方。

代码实现如下：

```
def start_play(self, player1, player2, start_player=0, is_shown=1):
    """在两个玩家间展开博弈"""
    if start_player not in (0, 1):
        raise Exception('start_player should be either 0 \
                        (player1 first) or 1 (player2 first)')
    self.board.init_board(start_player)
    p1, p2 = self.board.players
    player1.set_player_ind(p1)
    player2.set_player_ind(p2)
    players = {p1: player1, p2: player2}
    if is_shown:
        self.graphic(self.board, player1.player, player2.player)
    while True:
        current_player = self.board.get_current_player()
        player_in_turn = players[current_player]
         """依赖自身策略获取下一步落子行为"""
        move = player_in_turn.get_action(self.board)
        self.board.do_move(move)
        if is_shown:
            self.graphic(self.board, player1.player, player2.player)
         """每一次落子之后都检查当前比赛是否结束"""
        end, winner = self.board.game_end()
        if end:
            if is_shown:
                if winner != -1:
                    print("Game end. Winner is", players[winner])
                else:
                    print("Game end. Tie")
            return winner
```

其中，start_self_play 函数实现自博弈功能，主要用于前期搜集训练数据。从图 10.1 的算法程序框图可以看出，Alpha Zero 算法前期采用蒙特卡罗算法不断进行自博弈行为，并且记录每一次博弈的落子情况、状态及最终的比赛结果，直到积累的训练数据规模到达训练所需要的次数，就停止自博弈行为。该函数输入为采用相同策略（如均采用同种蒙特卡罗搜索策略）的两方玩家，该函数输出获胜方及博弈中记录的状态。

代码实现如下：

```
def start_self_play(self, player, is_shown=0, temp=1e-3):
    """对 MCTS 玩家进行自博弈，重复利用搜索树同时存储自博弈数据
        (state, mcts_probs, z) 用于后期训练
    """
    self.board.init_board()
    p1, p2 = self.board.players
    states, mcts_probs, current_players = [], [], []
    while True:
        move, move_probs = player.get_action(self.board,
                                              temp=temp,
                                              return_prob=1)
        # 存储当前数据用于后续训练过程
        states.append(self.board.current_state())
        mcts_probs.append(move_probs)
        current_players.append(self.board.current_player)
        # 进行落子行为
        self.board.do_move(move)
        if is_shown:
            self.graphic(self.board, p1, p2)
        end, winner = self.board.game_end()
        if end:
            # 从玩家角度看每个状态的赢家
            winners_z = np.zeros(len(current_players))
            if winner != -1:
                winners_z[np.array(current_players) == winner] = 1.0
                winners_z[np.array(current_players) != winner] = -1.0
            # 重置 MCTS 根节点
            player.reset_player()
            if is_shown:
                if winner != -1:
                    print("Game end. Winner is player:", winner)
                else:
                    print("Game end. Tie")
            return winner, zip(states, mcts_probs, winners_z)
```

10.4.2　搭建两种 MCTS 以实现 Alpha Zero 自博弈与模型评估

前面章节已经在原理层面详细讲解了两种 MCTS——Alpha Zero 自博弈中的 MCTS 与 Pure MCTS，分别应用在前期自博弈（收集训练数据）以及后期对策略提升后的模型评估（得到最优的模型），本小节将从源代码层面解析如何利用代码对其进行实现。

首先将介绍前期模型自博弈收集训练数据的过程。在自博弈过程中，每一步落子前，玩家将进行 N 次的 MCTS 模拟，探索得到基于当前状态的蒙特卡罗树，最终采用贪婪策略在

MCTS 树上选择最大价值的行为进行落子，其中 Alpha Zero 的 MCTS 主要在文件 mcts_alphaZero.py 中实现，接着会对此文件代码进行讲解，主要结构如图 10.13 所示。

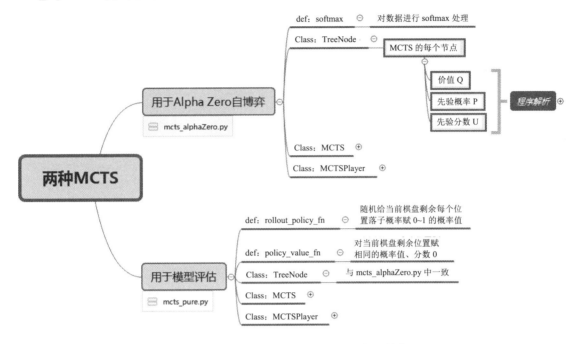

图 10.13　Alpha Zero 自博弈 MCTS 代码结构

从蒙特卡罗树的基本组成节点开始讲起，其中含有自建函数 Softmax（对指定数据进行 Softmax 处理）。TreeNode 类为蒙特卡罗树搭建的基础，其中定义的是 MCTS 中每个节点的数据结构（例如与其有连接关系的父节点_parent 和展开的子节点_children）、每个节点表示的是（s,a）行为对、该边的访问次数 n_vist、存储价值 Q、先验概率 P、先验分数 U 等重要信息。该类由多个函数组成，其中__init__函数定义蒙特卡罗树上基本节点的数据结构并进行初始化。

```
def __init__(self, parent, prior_p):
    self._parent = parent       # 该节点的父节点
    self._children = {}         # 存储未来展开的子节点
    self._n_visits = 0          # 行为状态对的访问次数
    self._Q = 0
    self._u = 0
    self._P = prior_p
```

函数 expand 为在蒙特卡罗搜索时的叶节点展开过程：

```
def expand(self, action_priors):
    """对叶节点进行展开
    action_priors: 根据策略网络得到的行为元组及其先验概率的列表
    """
    for action, prob in action_priors:
        if action not in self._children:
            self._children[action] = TreeNode(self, prob)
```

函数 select 为根据贪婪策略选择达到 max(Q+P)的行为：

```
def select(self, c_puct):
    """在子节点中选择得到最大行为价值 Q + u(P)的行为
    函数返回：元组 (action, next_node)
    """
    return max(self._children.items(),
               key=lambda act_node: act_node[1].get_value(c_puct))
```

函数 update 是在蒙特卡罗搜索中对叶节点进行价值更新，而函数 update_recursive 是对此次搜索行为序列上涉及的节点进行更新，详细实现代码如下：

```
def update(self, leaf_value):
    """更新叶节点价值"""
    # 访问次数
    self._n_visits += 1
    # 更新价值 Q
    self._Q += 1.0*(leaf_value - self._Q) / self._n_visits

def update_recursive(self, leaf_value):
    """对搜索序列递归地调用 update()
    """
    # 从根节点开始更新
    if self._parent:
        self._parent.update_recursive(-leaf_value)
    self.update(leaf_value)
```

函数 get_value 先利用系数 c-puct 计算价值 U，再返回用于贪婪策略搜索的价值 Q+U，实现代码如下：

```
def get_value(self, c_puct):
    """计算并返回节点价值，该价值包含两部分——Q 与 U
    c_puct: 大小位于区间(0, inf)
    """
    self._u = (c_puct * self._P *
               np.sqrt(self._parent._n_visits) / (1 + self._n_visits))
    return self._Q + self._u
```

搭建完节点后，需要在此基础上建立蒙特卡罗搜索。回想之前讲述的蒙特卡罗搜索，其需要在当前状态模拟 n 次实验。最后在构建的树中用贪婪策略选择最优行为，其中每一次模拟的代码实现主要由函数 _playout 完成，而在每一次的模拟实验中未达到叶节点时需要时刻得到当前各个子节点对应的价值及访问次数信息（在函数 get_move_probs 中得以实现），其主要结构如图 10.14 所示。

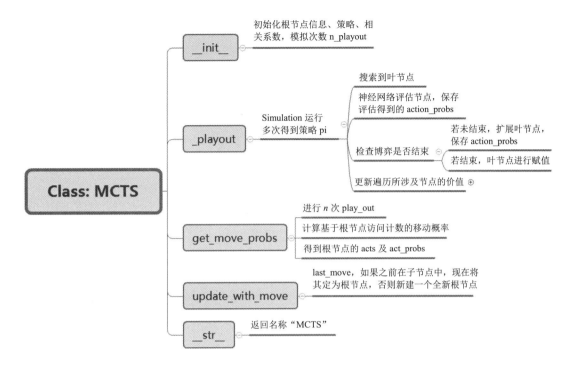

图 10.14　Alpha Zero MCTS 类实现结构图

其中源代码如下:

```
class MCTS(object):
    """Alpha Zero 自博弈蒙特卡罗搜索树的实现."""

    def __init__(self, policy_value_fn, c_puct=5, n_playout=10000):
        """
        policy_value_fn: 函数输入为当前棋盘状态,输出为元组对(action, probability)
        c_puct: 在区间(0, inf),控制探索策略趋近贪婪策略速度的快慢,
                        该值越大越依赖之前的经验
        """
        self._root = TreeNode(None, 1.0)
        self._policy = policy_value_fn
        self._c_puct = c_puct
        self._n_playout = n_playout

    def _playout(self, state):
        """从根节点采用贪婪策略运行到叶节点
        """
        node = self._root
        while(1):
            if node.is_leaf():
                break
            # 采取贪婪策略移动下一步
```

```
        action, node = node.select(self._c_puct)
        state.do_move(action)

    # 利用策略价值网络评估叶节点
    # 网络输出(action, probability) 对以及叶节点价值 v, 大小为[-1, 1]
    action_probs, leaf_value = self._policy(state)
    # 检查博弈是否结束
    end, winner = state.game_end()
    if not end:
        # 如果博弈未结束，展开叶节点
        node.expand(action_probs)
    else:
        # 如果博弈结束
        if winner == -1:  # 和局
            leaf_value = 0.0
        else:
            leaf_value = (
                1.0 if winner == state.get_current_player() else -1.0
            )

    # 更新遍历中节点的值和访问计数
    node.update_recursive(-leaf_value)

def get_move_probs(self, state, temp=1e-3):
    """按顺序运行所有的playouts，并返回可用的行动及其相应的概率
    state: 当前棋局状态 state
    temp: 温度参数，大小为(0, 1]，用于控制探索的程度
    """
    for n in range(self._n_playout):
        state_copy = copy.deepcopy(state)
        self._playout(state_copy)

    # 提取子节点存储的访问次数用于后续计算
    act_visits = [(act, node._n_visits)
                  for act, node in self._root._children.items()]
    acts, visits = zip(*act_visits)
    # 利用自建的softmax函数计算对应的概率
    act_probs = softmax(1.0/temp * np.log(np.array(visits) + 1e-10))

    return acts, act_probs

def update_with_move(self, last_move):
    """继续利用搜索树选择行为，同时将记录保存下来
    """
```

```
        if last_move in self._root._children:
            self._root = self._root._children[last_move]
            self._root._parent = None
        else:
            self._root = TreeNode(None, 1.0)

    def __str__(self):
        return "MCTS"
```

建立完蒙特卡罗搜索策略后，我们需要建立强化学习中与环境进行交互的个体（Agent，也称为智能体），该个体将采用先前搭建的蒙特卡罗搜索与环境进行交互，再将该个体用于博弈，此个体代码结构如图 10.15 所示。依此对 Alpha Zero 中的自博弈个体进行构建。

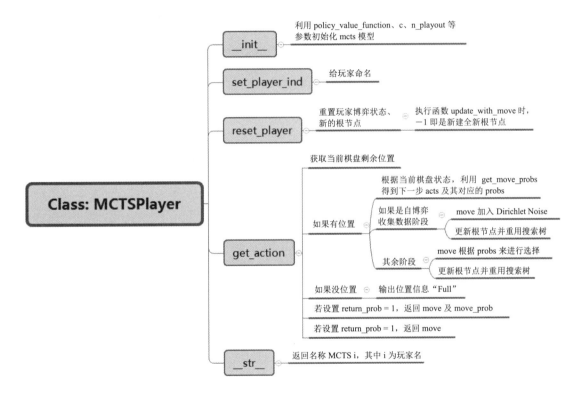

图 10.15　Alpha Zero MCTS 个体结构图

这里仅介绍重要函数 get_action，其他函数（如__init__、set_play_ind、reset_player、__str__等）较为简单，在此不过多叙述。其中，get_action 函数的源代码如下：

```
def get_action(self, board, temp=1e-3, return_prob=0):
    sensible_moves = board.availables
    # 初始化 Alpha Zero 论文中的策略 pi，对应 move_probs
    move_probs = np.zeros(board.width*board.height)
    if len(sensible_moves) > 0:
```

```
acts, probs = self.mcts.get_move_probs(board, temp)
move_probs[list(acts)] = probs
if self._is_selfplay:
    # 添加狄利克雷噪声进行策略探索
    # (仅在自博弈中使用)
    move = np.random.choice(
        acts,
        p=0.75*probs + 0.25*np.random.dirichlet(0.3*np.ones
                                            (len(probs)))
    )
    # 更新根节点并重用搜索树
    self.mcts.update_with_move(move)
else:
    # 默认值 temp=1e-3, 几乎等价于选择行为最大价值对应的行为
    move = np.random.choice(acts, p=probs)
    # 重置根节点
    self.mcts.update_with_move(-1)

if return_prob:
    return move, move_probs
else:
    return move
else:
    print("WARNING: the board is full")
```

接着将介绍模型评估时要用到的 Pure MCTS 模型（主要在文件 mcts_pure.py 中实现）。在模型评估时，以一定搜索次数的 Pure MCTS 作为参考标准，将最新得到的新模型与其博弈多局，最终以胜率来判定得到新模型的水平，一般在模型训练初期智能度较低。如果是很大搜索次数的 MCTS（意味水平很高），那么被检测模型胜率一直为 0，无法准确得到模型通过策略提升的幅度。所以，在初期采取较小搜索次数的 MCTS 与被检测模型进行博弈，直到提升后模型胜率到达 100%，再对搜索次数进行提高，强强博弈，从而更好地评估模型的性能。其代码实现的整体结构如图 10.16 所示。

其中，函数 rollout_policy_fn 为之前讲的快速随机落子 Rollout 策略，用于得到叶节点的价值，代码如下：

```
def rollout_policy_fn(board):
    """在 rollout 阶段一种快速粗糙的获取策略的函数"""
    # 随机 Rollout
    action_probs = np.random.rand(len(board.availables))
    return zip(board.availables, action_probs)
```

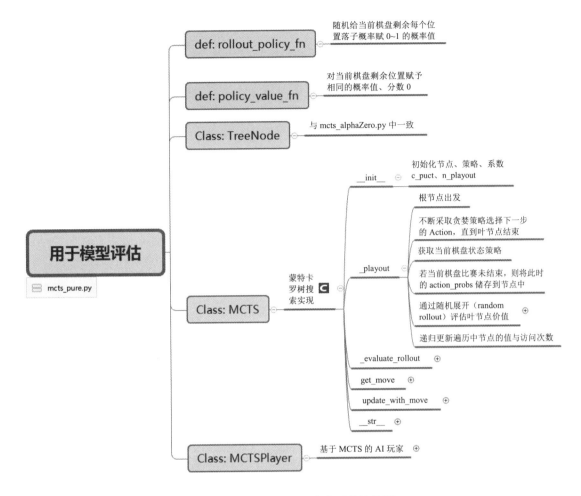

图 10.16   Pure MCTS 类实现的结构图

函数 policy_value_fn 对当前合法的棋盘剩余位置赋予相同的概率值。这里的蒙特卡罗树节点 TreeNode 类与之前在 Alpha Zero 自博弈中的 TreeNode 类是一样的，在此不再赘述。接着构建蒙特卡罗搜索。通过前面的分析可知 Pure MCTS 与自博弈中的 MCTS 在整体结构上是类似地，但是有两点不同——函数_playout 与_evaluate 的实现不同。在此仅就不同点进行解析，源代码如下：

```
def _playout(self, state):
    """从根节点运行到叶节点的单个 playout，得到叶节点价值，并通过父节点将
    其传播回来。状态被就地修改，因此必须事先复制下来。
    """
    node = self._root
    while(1):
        if node.is_leaf():

            break
    # 采取贪婪策略移动下一步
```

```
        action, node = node.select(self._c_puct)
        state.do_move(action)
    # 注意策略函数仅输出(action, probability) 对，而未输出叶节点价值 v
    action_probs, _ = self._policy(state)
    # 检查博弈是否结束
    end, winner = state.game_end()
    if not end:
        node.expand(action_probs)
    # 叶节点价值通过随机 Rollout 评估得到
    leaf_value = self._evaluate_rollout(state)
    # 更新遍历中节点的值和访问计数
    node.update_recursive(-leaf_value)


def _evaluate_rollout(self, state, limit=1000):
    """利用 Rollout 策略快速结束博弈：若当前玩家获胜，则返回+1；若对方获胜，
    则返回-1；如果和局，则返回 0
    """
    player = state.get_current_player()
    for i in range(limit):
        end, winner = state.game_end()
        if end:
            break
        action_probs = rollout_policy_fn(state)
        max_action = max(action_probs, key=itemgetter(1))[0]
        state.do_move(max_action)
    else:
        # 如果在限定步数仍然没有结束比赛，则发出警告提醒
        print("WARNING: rollout reached move limit")
    if winner == -1:  # 和局
        return 0
    else:
        return 1 if winner == player else -1
```

与 Alpha Zero 自博弈中的个体一样,在此也要建立一个基于 Pure MCTS 的个体。由于 Pure MCTS 仅用于模型评估上，无须利用添加狄利克雷噪声的方式来进行策略探索，因此在实现上较为简单，获取下一行为的代码如下：

```
def get_action(self, board):
    # 获取当前棋盘上的合法行为
    sensible_moves = board.availables
    if len(sensible_moves) > 0:
        # 博弈中对当前棋盘状态获取下一步移动
        move = self.mcts.get_move(board)
        self.mcts.update_with_move(-1)
        return move
```

```
else:
    print("WARNING: the board is full")
```

10.4.3　搭建策略价值网络并进行策略提升

考虑到电脑性能方面的问题，我们首先将围棋 19×19 的棋盘缩小到 8×8 的小棋盘，而且五子棋相较围棋需要的策略简单，因而无须很深的网络也可以快速达到较好的效果，我们在此搭建的网络深度相比 DeepMind 搭建的模型深度浅得多。这里的策略价值网络中只有不到 10 层的深度，下面简要讲解一下简化后适用五子棋的策略价值网络。

这里的策略价值网络共用一个主体网络，然后各自连接相应的 Policy head 与 Value head，从而组成整体的策略价值网络，整体结构如图 10.17 所示。

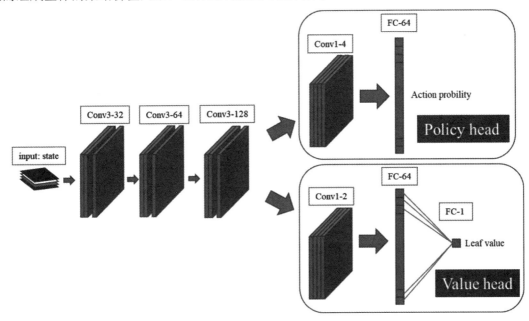

图 10.17　五子棋中构建的策略价值网络结构图

从图 10.17 中可以看出，输入的特征由一个具有 3 层的卷积神经网络处理。其中，卷积层参数卷积核大小均为 3×3，通道数分别为 32、64、128。每一个卷积层后通过非线性单元 ReLU 处理，接着将输出分别送入 Policy head 与 Value head 中。其中，Policy head 依次运用了通道数为 4、核大小为 1×1、步长为 1 的卷积层，非线性修正单元 ReLU，以及一个输出个数为 8×8=64（8×8 代表棋盘上落子位置的个数）的全连接层；Value head 依次运用了通道数为 2、核大小为 1×1、步长为 1 的卷积层，非线性修正单元 ReLU，以及一个全连接层（隐藏层神经元个数为 64，输出层神经元个数为 1），最后利用非线性函数 tanh 对输出的标量值进行处理，以确保其值落在[−1, 1]区间。

policy_value_net_pytorch.py 文件中使用 PyTorch 进行策略价值网络模型的搭建，文件结构框架如图 10.18 所示，主要实现 Net 类与 PolicyValueNet 类。

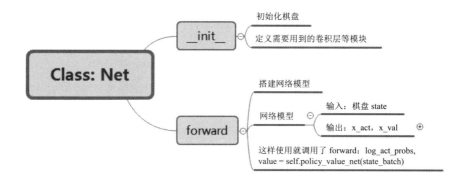

图 10.18　policy_value_net_pytorch 文件结构

Net 类中实现了对网络模型的搭建，详见下面的代码解析：

```python
class Net(nn.Module):
    """预先定义策略价值网络基本模块"""
    def __init__(self, board_width, board_height):
        super(Net, self).__init__()

        self.board_width = board_width
        self.board_height = board_height
        # 普通层基本模块预定义
        self.conv1 = nn.Conv2d(4, 32, kernel_size=3, padding=1)
        self.conv2 = nn.Conv2d(32, 64, kernel_size=3, padding=1)
        self.conv3 = nn.Conv2d(64, 128, kernel_size=3, padding=1)
        # 策略层基本模块预定义
        self.act_conv1 = nn.Conv2d(128, 4, kernel_size=1)
        self.act_fc1 = nn.Linear(4*board_width*board_height,
                        board_width*board_height)
        # 价值层基本模块预定义
        self.val_conv1 = nn.Conv2d(128, 2, kernel_size=1)
        self.val_fc1 = nn.Linear(2*board_width*board_height, 64)
        self.val_fc2 = nn.Linear(64, 1)

    def forward(self, state_input):
        # 共用卷积神经网络搭建
        x = F.relu(self.conv1(state_input))
        x = F.relu(self.conv2(x))
        x = F.relu(self.conv3(x))
        # Policy head 网络搭建
        x_act = F.relu(self.act_conv1(x))
        x_act = x_act.view(-1, 4*self.board_width*self.board_height)
        x_act = F.log_softmax(self.act_fc1(x_act))
        # Value head 网络搭建
```

```
x_val = F.relu(self.val_conv1(x))
x_val = x_val.view(-1, 2*self.board_width*self.board_height)
x_val = F.relu(self.val_fc1(x_val))
x_val = F.tanh(self.val_fc2(x_val))
return x_act, x_val
```

PolicyValueNet 类中实现了对策略价值网络的训练、对博弈中叶节点进行策略价值估计、模型保存等重要功能，结构图如图 10.19 所示。

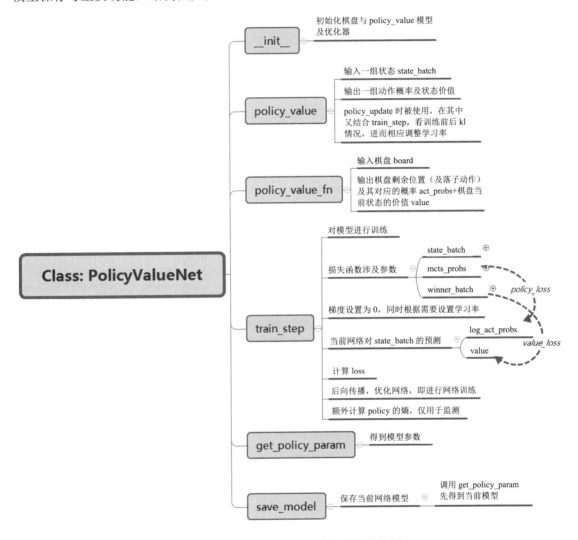

图 10.19　PolicyValueNet 类实现的结构图

PolicyValueNet 代码解析如下：

```
class PolicyValueNet():
    """策略价值网络 """
    def __init__(self, board_width, board_height,
            model_file=None, use_gpu=False):
        self.use_gpu = use_gpu
```

```python
        self.board_width = board_width
        self.board_height = board_height
        self.l2_const = 1e-4  # L2 惩罚系数
        # 策略价值网络模块
        if self.use_gpu:
            self.policy_value_net = Net(board_width, board_height).cuda()
        else:
            self.policy_value_net = Net(board_width, board_height

        self.optimizer = optim.Adam(self.policy_value_net.parameters(),
                        weight_decay=self.l2_const)

        if model_file:
            net_params = torch.load(model_file)
            self.policy_value_net.load_state_dict(net_params)

    def policy_value(self, state_batch):
        """
        输入：一批状态值
        输出：一批行为概率及状态价值
        """
        if self.use_gpu:
            state_batch = Variable(torch.FloatTensor(state_batch).cuda())
            log_act_probs, value = self.policy_value_net(state_batch)
            act_probs = np.exp(log_act_probs.data.cpu().numpy())
            return act_probs, value.data.cpu().numpy()
        else:
            state_batch = Variable(torch.FloatTensor(state_batch))
            log_act_probs, value = self.policy_value_net(state_batch)
            act_probs = np.exp(log_act_probs.data.numpy())
            return act_probs, value.data.numpy()

    def policy_value_fn(self, board):
        """
        输入：棋盘类变量
        输出：对所有合法行为生成形如 (action, probability)元组对及当前输入棋盘
            状态的价值
        """
        legal_positions = board.availables
        current_state = np.ascontiguousarray(board.current_state().reshape(
                -1, 4, self.board_width, self.board_height))
        if self.use_gpu:
            log_act_probs, value = self.policy_value_net(
                Variable(torch.from_numpy(current_state)).cuda().float())
```

```
            act_probs = np.exp(log_act_probs.data.cpu().numpy().flatten())
        else:
            log_act_probs, value = self.policy_value_net(
                    Variable(torch.from_numpy(current_state)).float())
            act_probs = np.exp(log_act_probs.data.numpy().flatten())

        act_probs = zip(legal_positions, act_probs[legal_positions])
        value = value.data[0][0]
        return act_probs, value


    def train_step(self, state_batch, mcts_probs, winner_batch, lr):
        """开始进行训练"""
        # 包装变量
        if self.use_gpu:
            state_batch = Variable(torch.FloatTensor(state_batch).cuda())
            mcts_probs = Variable(torch.FloatTensor(mcts_probs).cuda())
            winner_batch = Variable(torch.FloatTensor(winner_batch).cuda())
        else:
            state_batch = Variable(torch.FloatTensor(state_batch))
            mcts_probs = Variable(torch.FloatTensor(mcts_probs))
            winner_batch = Variable(torch.FloatTensor(winner_batch))

        # 梯度归零
        self.optimizer.zero_grad()
        # 设置学习率
        set_learning_rate(self.optimizer, lr)

        # 前向迭代
        log_act_probs, value = self.policy_value_net(state_batch)
        # 定义损失函数 loss = (z - v)^2 - pi^T * log(p) + c||theta||^2
        # 注意： L2 惩罚已经集成在优化器中，无须再加
        value_loss = F.mse_loss(value.view(-1), winner_batch)
        policy_loss = -torch.mean(torch.sum(mcts_probs*log_act_probs, 1))
        loss = value_loss + policy_loss
        # 反响迭代及优化
        loss.backward()
        self.optimizer.step()
        # 计算策略交叉熵，仅用于监测
        entropy = -torch.mean(
                torch.sum(torch.exp(log_act_probs) * log_act_probs, 1)
                )
        return loss.item(), entropy.item()


    def get_policy_param(self):
```

```
        net_params = self.policy_value_net.state_dict()
        return net_params


    def save_model(self, model_file):
        """ 保存模型 """
        net_params = self.get_policy_param()   # 获取模型相关参数
        torch.save(net_params, model_file)
```

10.4.4　训练自己的 Alpha Zero 模型

通过上述代码的讲解，大家应该对 Alpha Zero 算法有了全面的了解，可以开始训练属于我们的 Alpha Zero 模型了。不过，在此之前需要对环境进行配置，满足运行和训练模型的依赖库要求：

```
Python >=2.7; Numpy>=1.11; Theano >= 0.7; Lasagne >= 0.1;
PyTorch >= 0.2.0; TensorFlow >= 1.0
```

如果想从零开始训练得到 Alpha Zero 模型，直接运行下面的代码即可。

```
python train.py
```

训练日志截图如图 10.20 所示。

图 10.20　训练日志截图

如果想直接跟训练出来的 Alpha Zero 模型进行博弈，在 Windows 界面的 CMD 窗口中运行下面的代码即可：

```
python human_play.py
```

博弈界面如图 10.21 所示。

图 10.21　玩家与 Alpha Zero 博弈界面

最后附上一局人机大战博弈的结果图（见图 10.22）。从中可以看出算法训练出来的 Alpha Zero 具有较高的博弈水平，玩家稍有大意就会输掉比赛，这也说明了 Alpha Zero 算法的强大。

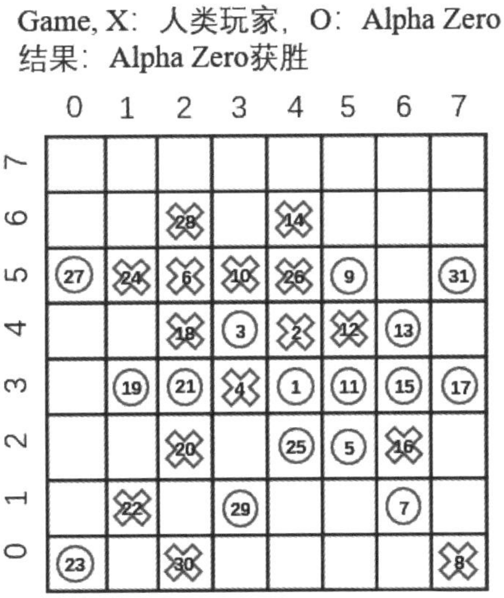

Game, X：人类玩家，O：Alpha Zero
结果：Alpha Zero获胜

图 10.22　五子棋人机大战落子情况

参 考 文 献

[1]   Richard S Sutton, Andrew G Barto. Reinforcement Learning: An introduction[M]. The MIT Press, 2012.

[2]   Szepesvari C. Algorithms for Reinforcement Learning. Draft of the lecture published in the Synthesis Lectures on Artificial Intelligence and Machine Learning series by Morgan & Claypool Publishers, 2009.

[3]   Hasselt H, Guez A, Silver D. Deep Reinforcement Learning with Double Q-learning[EB/OL]. arXiv:1509.06461v3 [cs.LG], 2015.

[4]   Timothy P, Lillicrap, Jonathan J Hunt, et al. Continuous Control with Deep Reinforcement Learning[EB/OL]. arXiv:1509.02971v5 [cs.LG], 2016.

[5]   Kaiming H, Xiangyu Zh, Shaoqing R, et al. Deep Residual Learning for Image Recognition [EB/OL]. arXiv:1512.03385v1 [cs.CV], 2015.

[6]   Kaiming H, Xiangyu Zh, Shaoqing R, et al. Delving Deep into Rectifiers: Surpassing Human-Level Performance on ImageNet Classification[EB/OL]. arXiv:1502.01852v1 [cs.CV], 2015.

[7]   Silver D, Lever G, Heess N. Deterministic Policy Gradient Algorithms[C]. Proceedings of the 31st International Conference on Machine Learning, Beijing, China, 2014.

[8]   LeCun Y, Bottou L, Bengio Y, et al. Gradient-Based Learning Applied to Document Recognition[C]. Proc. of the IEEE, 1998.

[9]   G M J-B Chaslot, S Bakkes, I Szita, et al. Monte-Carlo Tree Search: A New Framework for Game AI[C]. Proc. Artif. Intell. Interact. Digital Entert. Conf., Stanford Univ., California, 2008: 216-217.

[10]   P Auer, N Cesa-Bianchi, P Fischer. Finite-time Analysis of the Multiarmed Bandit Problem[J]. Mach. Learn., 2002, 47 (2): 235-256.

[11]   Browne C B, Powley E, Whitehouse D, et al. A survey of monte carlo tree search methods[J]. IEEE Transactions on Computational Intelligence and AI in games, 2012, 4(1): 1-43.

[12]   Silver D, Schrittwieser J, Simonyan K, et al. Mastering the game of go without human knowledge[J]. Nature, 2017, 550(7676): 354.

[13]   Silver D, Hubert T, Schrittwieser J, et al. Mastering chess and shogi by self-play with a general reinforcement learning algorithm[J]. arXiv preprint arXiv:1712.01815, 2017.

[14]   Reinforcement Learning[EB/OL]. https://www.youtube.com/playlist?list=PL7-jPKtc4r78-wCZcQn 5IqyuWhBZ8fOxT.

[15]   AlphaGo Zero: Starting from scratch[EB/OL].https://deepmind.com/blog/alphago-zero-learning-scratch/.

[16]   PyTorch Tutorials[EB/OL]. https://pytorch.org/tutorials/.

[17]   AlphaZero-Gomoku[EB/OL]. https://github.com/junxiaosong/AlphaZero_Gomoku.

[18]   Visualizing the Gradient Descent Method[EB/OL]. https://scipython.com/blog/visualizing-the-gradient-descent-method/.

[19]   Gym, OpenAI[EB/OL]. https://gym.openai.com/.